U0588824

生心灵培养丛书

中学生情绪心理调控

秋　实　编著

吉林人民出版社

图书在版编目(CIP)数据

中学生情绪心理调控／秋实编著 . -- 长春：吉林
人民出版社, 2012.4
　　(中学生心灵培养丛书)
　　ISBN 978-7-206-08543-7

　　Ⅰ.①中… Ⅱ.①秋… Ⅲ.①中学生－情绪－自我控
制 Ⅳ.①B842.6

中国版本图书馆CIP数据核字(2012)第048288号

中学生情绪心理调控

ZHONGXUESHENG QINGXU XINLI TIAOKONG

编　　著:秋　实
责任编辑:孟广霞　　　　　封面设计:七　洱
吉林人民出版社出版 发行(长春市人民大街7548号　邮政编码:130022)
印　　刷:鸿鹄(唐山)印务有限公司
开　　本:670mm×950mm　　　1/16
印　　张:10　　　　　字　　数:70千字
标准书号:ISBN 978-7-206-08543-7
版　　次:2012年7月第1版　　印　　次:2023年6月第3次印刷
定　　价:35.00元

如发现印装质量问题,影响阅读,请与出版社联系调换。

目　录

目　　录

喜怒哀乐说情绪

情感共鸣

本课主要从总体上向同学们介绍一些有关情感方面的知识，这些知识可以帮助你们洞察人的情感世界，推动你去追求真、喜、美的精神生活。

中国有句古语："人非草木，孰能无情？"是的，人不仅有血肉之躯，还有丰富的情感。人在生活过程中绝不是冷若木石，无动于衷的，而是时刻体验着各种各样的感受，这些感受有喜有怒，有苦有乐，有爱有恨，有恩有仇。例如，我们为中国乒乓健儿包揽世界冠军而欢呼雀跃，我们为以美国为首的北约对中国驻南使馆的野蛮暴行而怒火冲天；有的同学因学习成绩不理想而愁眉不展；而当同学们听到"抗洪抢险英模报告团"的报告之后被感动得热泪盈眶……这种种的情感是我们在生活中所经常体验到的。

正所谓：喜怒哀乐，人之常情。

认知理解

那么，什么是情感？情感又是怎样产生的呢？

心理学认为，情感是人的一种内心体验。这种体验是外界客观事物反映的结果，反映的是外界事物与人的需要之间的关系。符合人的需要和愿望的事物，就引起我们满意、喜悦的情感；不符合我们需要和愿望的事物，就引起我们厌恶、愤怒的情感。人们的喜怒哀乐等种种情感都是这样产生的。

人的需要是多种多样的，有生来就具有的，有在生活中逐渐获得的，有物质方面的，也有精神方面的，归纳起来，可以分为两类。一类是最原始、最基本的生理需要，如饥饿时需要食物，口渴时需要喝水，寒冷时需要穿衣，在森林中遇到猛兽感到害怕等等。人的另一类需要是在生活中形成的比较高级的社会性需要，例如我们希望祖国富强，各项事业发达兴旺，国家领土保持完整；我们每个同学也希望学习成绩优异；我们还有要求进步，向英雄人物学习的需要。外界的事物有些符合我们的需要，有些违背我们的需要和愿望，因此我们就产生了喜悦、愤怒、忧愁、敬仰等各种不同的情感。

操作训练

1.下面是一组人物的各种面部表情，你能表演出这些情绪吗？惊奇、愤怒、高兴、害怕、悲伤、厌恶。

2.下面列出了四种基本情绪：善、怒、惧、哀，请在每种基本情绪后写出表现这种情绪的词语（在题中有示例），写得越多越好。

喜： 开心，甜蜜
怒： 气恼，怒不可遏
惧： 心悸，害怕
哀： 悲伤，肝肠寸断

训 练 指 导

教育目的

丰富学生情绪、情感的知识，加深他们对情绪、情感的认识。

主题分析

情绪、情感虽为人每时每刻体验，但仔细分析它们的人却不多。中学生，对于能使自己保持良好的、愉快的心境，以积极的心态投入学习、生活中去，做情感的主人，有必要了解一些关于情绪、情感的知识，诸如：情绪、情感是怎样产生的？其具体表现都有哪些？情绪、情感对日常的学习、生活有什么样的作用等等。了解了这些问题，就有利于创造一个良好的人际关系，正确看待学习、生活中的一些问题，使自己的喜怒哀乐得以适度的表现，体验多滋多味的人生。

训练方法

讲解法，训练法。

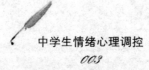

训练建议

1. 让学生谈谈什么时候会产生什么样的情感，找出情感与需要的关系。

2. 组织学生讨论，积极的与消极的情绪、情感对生活和学习有何不同的影响。

3. 让学生表演喜怒哀乐等不同的情绪，加深对不同情绪的体验。

让自己快乐起来

情感共鸣

伍子胥是我国春秋时吴国的大夫。在此之前，他曾经是吴国的邻国楚国的一名官员，后来因为得罪了楚平王而受到楚平王的追捕。伍子胥只好白天躲藏，晚上逃跑。这一天，他终于跑到了吴楚两国交界的昭关（今安徽含山县以北）。关上的官吏早已得到了楚平王的命令捉拿伍子胥，因此对过往的每名行人都要进行严密的盘查，在城门上还挂着楚平王悬赏捉拿伍子胥的告示和他的画像。如果能逃出昭关跑到吴国，伍子胥就能摆脱追捕，否则就危在旦夕。伍子胥十分焦虑、忧愁，一连几夜也睡不着觉，传说他愁得连头发都变白了。真是：愁一愁，白了头！情绪对人的健康竟有这么大的影响。

认知理解

祖国医学和现代医学都指出，情感是影响人的健康的一个不容忽视的重要因素。我国古代医学典籍《黄帝内经》上说："怒伤肝""喜伤心""忧伤肺""思伤脾""恐伤肾"。

人的情感为什么对人的健康有这么大的影响呢？因为情感和人的植物性神经系统密切相关，人在产生不同的情感时，呼吸、循环系统、骨骼肌肉组织，腺体以及代谢过程会发生相应的变化。剧烈的情感会引起高血压、心脏病等各种疾病。相反，愉快、积极的情感不仅使神经系统保持正常的功能，还能使神经细胞萎缩的速度变慢，使人的寿命增长。美国哈佛大学的研究者调查了200多人近40年的生活经历，发现在21~46岁这个年龄阶段，心情舒畅的59人中，绝大多数都身体健康，只有2人得了重病，其中一人死于53岁。而心情不愉快的48人中，有18人患重病或在46岁之前死去。

既然情绪变化在人的心理活动中是最为活跃最为敏感的因素，因此，同学们要经常保持愉快、乐观的精神，还要学会善于调节、控制自己的情绪。

同学们应该学会用理智来调节情绪，经常保持清醒、冷静的头脑，不做情绪的奴隶，而做情绪的主人。遇到情绪波动时，应该考虑到自己的情绪反应是否合理和适度，借以培养对情绪刺激的容忍度。要学会驾驭自己的"感情之舟"，做一个快乐的少年。

操作训练

1. 训练法。在日常生活中，我们总是喜欢听同学们以及老师对自己的赞美和表扬，当别人夸奖和恭维你时，总是有一种心满意足的感觉，下面介绍一种自我赞美的方法，如果长期坚持下去，同样会使你的心情好起来。

方法：

（1）每天留出几段固定的时间，在日记本上记下你每天做过的所有积极的事情，不要去理会这些事情有没有得到积极的赞赏。

例如，早上向你的同学微笑，不管他是以微笑回报还是以冷漠相对，你都把它记下来。如果你突然想起一些有积极意义的事情，也把它们记下来，如想起去老人院慰问老人，上次作业得了满分等等。

开始时，迫使自己去注意发生在自己身上的美好事情，做起来总显得有点机械单调，但坚持几天后，你会突然觉得自己的内心世界有了一些微妙的变化：你的心胸变得开朗了。

（2）每天晚上入睡前翻开日记本，了解并回味自己白天的收获。坚持数周以后，你的自我感觉肯定会有所改善。

2．讨论法。以小组为单位讨论。

（1）每个小组成员讲一件曾使自己的情绪极为消极的亲身经历的事件，并说出自己当时的心情以及这种心情是如何好转的。

（2）小组成员就这件事进行讨论，主要讨论摆脱这种心情的方式是否合理，如果不合理又怎样调整。

（3）将总结后的心得写成文字，并请有关专家审阅，以便对此获得正确的认识。

训 练 指 导

教育目的

让学生认识到情绪对于健康的作用，学会调整自己的情绪，让积极的情绪成为主导心境。

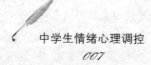

主题分析

医学和心理学的研究越来越多地发现，情绪与健康有密切的关系。经研究，许多疾病与不良情绪有很大关系。因为人在产生不同的情感时，呼吸、循环系统、骨骼肌肉组织、腺体以及代谢过程会发生相应的变化。愉快、积极的情感不仅仅使神经系统保持正常的功能，还能使神经细胞萎缩的速度变慢，使人的寿命延长。相反，消极的情感，训练法则会引起高血压、心脏病等各种疾病。初中生正处在情感多变时期，在充分享受青春快乐的同时，也有烦恼不时地光顾，处理不好这些情感问题将有害于身心健康。所以，有必要让学生学会调节自己的情感做一个快乐的人。

训练建议

1. 组织学生分小组讨论：怎样化消极情感为积极情感，使自己快乐起来。

2. 讨论结束后，让小组代表发言讨论结果。

3. 教师总结。

用理智引导激情

训练内容

情感共鸣

《战国策》中记载了这样一个故事。秦王要用五百里的土地来换安陵君的小城，这个小城不大，却是安陵君的栖身之所，秦王实际上是要吞并安陵。安陵君当然没有答应，就派使臣唐雎出使秦国。秦王听说安陵君违背自己的意愿，就威吓唐雎说："你曾经听说过天子发怒吗？"唐雎答道："我没有听说过。"于是秦王得意地说："天子一发怒，会叫上百万人死去，血水能流几百里。"唐雎毫不畏惧，反问秦王说："大王曾经听说过平民百姓是如何发怒吗？"秦王轻蔑地回答道："平民百姓发怒，不过是摘下帽子，光着两脚，用脑袋撞地罢了。"唐雎反驳秦王说："这是懦夫的发怒，而不是勇士的发怒。勇士如果发怒的话，倒下的不过两个人，血水也只流五步远，但是全天下的人都得穿白戴孝，今天就是这样!"说着，他拔剑而起。秦王吓得脸变了色，赶紧向唐雎道歉。这个故事赞扬了唐雎不畏强暴、敢于斗争的精神。

认知理解

故事中唐雎与秦王谈到的"天子之怒""平民百姓之怒"和"勇士之怒"都是情感的一种状态——激情。

激情是一种剧烈而迅速的情感状态。暴怒、狂喜、痛不欲生、大惊失色等等都是激情的表现。激情有两个特点，一是来得快，时间短。二是强度大，犹如暴风骤雨、电闪雷鸣。激情发生时有明显的外部表情，如咬牙切齿、涕泪交加、手舞足蹈、双目圆睁、双眉倒竖等等。与此同时在语言上也有强烈兴奋或抑制的表现，如慷慨陈词或哑口无言，目瞪口呆。激情产生时还会伴随着一系列的生理变化，有时还会使人产生很大的能量。

由此可见，激情对人的活动会产生显著的影响。除了积极的一面，激情还有消极的一面。例如，如果缺乏正确的意识倾向作指导，激情就会使人无原则地发怒，或因一点儿小事与别人发生冲突，轻则伤害友谊、影响健康、妨碍学习，重则大打出手，伤害别人。因此，同学们一定要正确地认识激情，发扬其积极的一面，克服其消极的作用。

操作训练

1. 组织学生展开一场班级之间的体育类的对抗赛，如足球、篮球、集体赛跑等均可，并要求所有同学全部出席，没有参加比赛的同学作为啦啦队为本队助威，使学生在参加比赛和观看比赛的过程中领略激情的火爆。

注意：比赛形式以集体项目为好，参加的同学要有一定数量，这样会使赛场气氛更加紧张激烈，能充分调动起同学们的激情。

要注意安全，避免不必要的伤害。比赛各方的观众一定要选一名性格外向，嗓门洪亮，具有一定组织能力的同学担任啦啦队长，充分调动起同学们的热情。

2．小组讨论

（1）题目：《他该不该发火》

在自习课上，别的同学都在安静地看书，赵小宁和郭宇却在交头接耳，张小健回头厌恶地看了他们一眼，可两个像什么也没发生似的，继续说笑着。谈到有趣处，赵小宁的右手不自觉地一扬，这下可坏了，他手中钢笔喷射出一股蓝墨水，全部洒在张小健的后背和肩膀上。看到自己新买的衣服受到如此"虐待"，张小健终于忍不住了，他怒不可遏地站起来，回过身去就和赵小宁大声吵起来，还打了他一巴掌，班级一下子乱了……

（2）对上面的小故事进行小组讨论，分析事情的经过，并对张小健的行为进行探讨：他到底该不该发火？为什么？如何才能合理地解决这个事件？

训 练 指 导

教育目的

让学生学会控制自己的情感，以理智引导激情。

主题分析

激情是一种剧烈而迅速的情感状态。它有两个特点：一是来得快，时间短，二是强度大。激情爆发时往往伴随有明显的外部特征，还会使人产生很大的能量，对人的活动产生显著的影响。激情对人的行为产生积极的或是消极的影响，关键是看激情是不是在理智的调控下，如果缺乏正确的意识倾向作指导，激情就会使人无原则地发怒。中学生往往是激情有余而调控不足，在生活中，可能因一些儿小事就与别人发生冲突，轻则伤害友谊、影响健康、妨碍学习，重则大打出手、伤害别人。所以应对中学生进行情感方面的教育，让他们学会用理智控制激情。

训练方法

讨论法；活动体验法；实测分析法。

训练建议

1. 教师组织学生开展一次体育竞赛活动，让学生体验激情。

2. 结合实例让学生分析激情的利与弊。

3. 组织学生讨论调控激情的办法有哪些？

4. 教师总结。

保持良好的心境

训 练 内 容

情感共鸣

今天是我的生日，又是星期天，我一大早就从被窝里爬起来，缠着妈妈去早市采购食品，因为我已经邀请了几个平时与我最要好的朋友下午来家里庆祝生日。妈妈买了许多好吃的东西，就等中午爸爸回来做了。

爸爸是一个工厂的厂长，前几天厂里出了事故，据说还死了两个工人。为了妥善地处理好事故，并查明真相，爸爸已经好几天没回家了。昨天晚上，我给工厂挂了电话，好说歹说算是说服了爸爸今天中午回家陪我一块过生日，这可是我上中学后的第一个生日啊。

时间慢慢地流淌着，12点半多了，爸爸终于踏进了家门。他的表情非常严肃，眼圈有些红，好像刚刚哭过，我从来没见过爸

爸这样，在我心目中，他可是世界上最坚强的男子汉，爸爸没有和我说话，他径直走到妈妈身边，小声和她说着什么，妈妈一声不响地听着，眼圈也渐渐红了。说完之后，爸爸走过来摸了摸我的头，然后赶忙走了，他甚至没有和我说一句"生日快乐"，正当我愣在那儿的时候，妈妈对我说："你爸爸厂里出了事，有一名工人被铁塔压死了，他的妻子半年前刚刚病死，现在只剩一个不到五岁的儿子……"

认知理解

过生日本来是皆大欢喜的事，可是爸爸却无法高兴起来，从心理学角度来说，爸爸当时正处于一种悲伤的心境之中。心境，就是我们平常所说的心情，它是一种持久而微弱的情感状态。心境往往是较强的情感所遗留的后续作用的结果。

形成某种心境之后，人的情感会弥漫于引起它的事物上去，这就是心境的蔓延性和扩散性。我们在高兴时，会感到一切都顺心：阳光是那样的明媚，空气是那样的清新，树枝在向我们招手，花儿也向我们张开了笑脸。而我们在闹情绪、心情不好时，所见所闻的一切事物都会使我们感到心烦。家中的小弟弟小妹妹的玩耍喊叫，我们有时感到高兴，有时感到烦恼，这主要是与我们当时的心境有关。我国唐代诗人杜甫的《春望》一诗中有这样的诗句："感时花溅泪，恨别鸟惊心。"本来鸟语花香，良辰美景，足以使人赏心悦目，心旷神怡，而诗人却"溅泪""惊心"，伤感之极，就是因为杜甫当时困居于被安史叛军攻陷的长安，眼望乱兵中衰颓破败的山河，想念着音讯难通、远在他乡的妻子儿女，心情自然是愁苦伤感了。

操作训练

1. 下面介绍三种培养和保持良好心境的方法供你参照操作：

（1）培养正确的人生观，树立远大的理想，这是保持心境的根本途径。在我们的学习生活中，在前进的道路上，总会遇到一些困难与挫折，我们不应被它们吓倒，要永远保持乐观主义精神。

（2）积极参加各种有益的活动，这样既有助于我们增长知识，也会丰富我们的情感生活，使我们增加愉快的情感体验，保持积极良好的心境。

（3）要学会"自我暗示"，我们在焦虑忧愁时，要不断提醒和告诫自己，不要斤斤计较；不要只看阴暗面，不看光明的一面。失败是成功之母，只要我们加强认识，就会从忧伤低沉的心境中解脱出来。

2. 集体讨论

中国共产党在长征时，前有敌人的堵截后有敌人的追兵，部队的条件相当艰苦，没有粮食，没有弹药，随时都有被敌人消灭的可能。但是，即使在这样的情况下，毛主席还写下了豪迈的诗句："红军不怕远征难，万水千山只等闲。""更喜岷山千里雪，三军过后尽开颜。"

同学们分组讨论：为什么在这样的条件毛主席还能写下如此豪迈乐观的诗句？

训 练 指 导

教育目的

让学生认识到心境对生活、学习的影响，并学会想办法调节自己的心境。

主题分析

心境是一种持久的情感状态。它往往是较强的有感所遗留的后续作用的结果。一个人在某种心境的支配下，他的情感就会在许多事件或活动上体现出这种积极的或消极的情绪色彩，这就是心境的蔓延性。生活中常会发现，平时爱说爱笑的同学，几天来变得少言寡语了，这就向人们表明他（她）在生活上或学习上遇到了不愉快的事情，再与他（她）交往时就不能像往常那种方式了，应考虑他（她）的心境，选择合适的交往方式。所以，具有洞察心境的能力，不仅有助于自身情绪的调节，而且还有利于改善和增进人际关系。

训练方法

讲解与训练

训练建议

1. 教师结合生活中的实例向学生讲解有关心境的知识。

2. 师生共同探讨培养和保持良好心境的方法。

3. 教师总结。

培养高尚的道德

训练内容

情感共鸣

学校正在改建，学校内没有更多地方放自行车，所以学校规定初一的同学不能骑车，以免车子放在大街丢失。可是王朋不听，新买的"黑马"丢后，他又要求父母买了一辆"捷安特"山地车，谁知，那可恶的小偷又来光顾。五天内，一连丢了两辆车，王朋急了，先是在街上破口大骂，又回家再次向家长要钱买车。家长劝他应该听学校的话不要骑车，而且家离学校很近，根本不用骑车。班内的同学听说这件事后马上报告了学校，校方很快找王朋了解情况，先是批评教育，然后询问车子的型号，丢车时间等。王朋回来后心想，只许别人偷我的，我就不能……于是他在学校车棚"找"了一辆他满意的车，将车以低价卖出后，又拿出自己的"压岁钱"凑在一起去买了一辆新车。几天后，摆在他面前的是处分决定及自己原来丢失的那两辆车。

认知理解

毫无疑问，小偷是没有道德感的，他为了自己的私利，不惜夺取别人的利益，侵犯神圣的法律。但是，王朋的"以牙还牙"的做法又与小偷有什么分别呢？

从心理学的角度来说，道德感是人对别人和自己的思想行为是否符合社会道德标准而产生的情感体验。我们在日常的生活和学习中，会体验到种种的道德感。在学校班集体生活中，我们都愿意为学校和班级集体贡献力量，我们为能给集体赢得荣誉而感到光荣和欣慰，我们见到破坏集体利益、损害集体荣誉的现象就感到不满和气愤。这些情感体验是集体主义情感；我们周围许多同学热情助人，相互取长补短，具有很强的友谊感；还有许多同学认真对待自己所承担的各种工作，具有很强的责任感；我们都有比较明确的是非观念，勇于坚持原则，能够抵御社会上的不良影响，敢于同坏人坏事做斗争，这是一种正义感；有时，我们做了违背学校纪律的事，会感到内疚，犯了严重错误还会感到羞愧，产生良心责备。上面所说的集体主义情感、友谊感、责任感、正义感，以及"内疚""良心责备"等等都是道德感的表现。

操作训练

1. 分组讨论

这是一位守卫在祖国边防线上的战士在2009年10月1日写的一篇日记：

今天是新中国成立60周年。我们没有酒，就和几个战士举起杯子内的水当作酒，为祖国母亲的生日干杯，为了祖国，多少代人献出了一切。今天，我们也是为了祖国，忍受着我们同代人所

不能想象的艰难困苦，守卫在边防线上，为了祖国，我们可将血肉之躯献出，融入祖国的大地。为了万家欢聚的幸福，吃什么苦我们都可以忍受，因为祖国在我心中。

读过这篇字里行间洋溢着强烈的爱国激情的日记，不知同学们会有什么感受。同学们分成各个小组，讨论这种爱国主义是不是一种道德感？你的感受是什么？你在今后的学习、生活中将如何做？

讨论之后，分别发言。

2. 心理剧演出比赛

以小组为单位推出两名学生代表上台，一名扮演老师，一名扮演不爱学习，专门以取笑别人、打扰别人学习为乐的学生。

内容：老师说服这名学生注意讲道德，并激励他努力学习，为祖国贡献自己的力量。演出后进行评比，看哪一组演得逼真，说服教育水平高。

训练指导

教育目的

培养学生高尚的道德感，做一个合格的公民。

主题分析

道德感作为社会性情感的一种重要体现，其心理学含义是：人对别人和自己的思想行为是否符合社会道德标准而产生的情感体验，如集体主义情感、友谊感、正义感、责任感以及"内疚"，"惭愧"和爱国主义情感等等，都是道德感的具体表现。中学时期正是道德感由初步形成走向成熟的时期。由于这一时期的易变性仍很大，很容易受不良因素的影响，妨碍道德感的健康发展，甚至会导致畸形的"道德感"产生。因此，对中学生进行道德感教育，是广大教育工作者的重要任务之一。

训练方法

讨论法；心理剧表演。

训练建议

1. 以小组为单位推出两名学生代表上台，一名扮演教师，一名扮演学生。表演内容为学生接受老师的道德教育，通过表演增强体验。

2. 结合某一道德行为让学生展开讨论：高尚的道德感是什么？

3. 教师总结。

学会调节情绪

训练内容

情感共鸣

爸爸妈妈总是吵架，最近又要闹离婚，他们谁都不顾我的感受，弄得我心里特烦，干什么事都没兴趣。在学校上课听讲时总是走神儿，做作业也不专心，更要命的是，我总是无缘无故地和同学吵架，弄得大家都不爱理我，唉，我该怎么办呢？

认知理解

1. 这个同学的心里话，听了让人分外同情。不良情绪影响到了他的生活和学习。同学们一定有这样的体验，当明媚的春天来临时，漫步在一片生机勃勃的绿色中，你一定感到心情非常愉快；当看到社会上一些坏人的不良行为时，你一定感到愤怒；当遇到挫折时，你一定感到烦恼；当取得预想不到的好成绩时，你一定感到欣慰、自豪。这些由一定事物引起的喜怒哀乐等反应就是情

绪。

2. 良好的情绪能激发人的生活热情,但人的情绪不会总处在良好的状态,有时几小时、几天,甚至更长一些时间,会出现不良的情绪表现。这种不良的情绪不但会使人的心理活动失去平衡,还能引起生理上的变化,严重者还会危害健康。因此面对复杂的现实生活,我们应调整好自己的情绪,使自己保持身心健康。

操作训练

1. 爸爸妈妈又吵架了,还喊着要离婚,我的心情坏透了。我该怎么办呢?

A. 难过极了,找个地方痛哭一场。

B. 烦透了,不理他们,随他们便吧。

C. 找他们谈谈心,表明自己的痛苦心情。

2. 心情的颜色

当我_____时,我感到其代表颜色是_____。

当我_____时,我感到其代表颜色是_____。

当我_____时,我感到其代表颜色是_____。

当我_____时,我感到其代表颜色是_____。

3. 课间时分,班主任赵老师来教室,通知小丽和小勇到校长办公室去,小丽一听眉开眼笑,小勇听了却呆坐座位上,垂头丧气。

小丽的眉开眼笑,可能是因为她认为_____,也可能是她感到_____。

小勇垂头丧气,可能是因为他认为_____,也可能是他感到_____。

4. 做个快乐的人

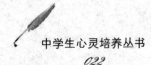

生活中最快乐的人是_____

请教一下快乐的秘诀，把你认为最有效的方法存入你的"快乐大转盘"中。

训练指导

教育目的

认识情绪，并学会调节。

主题分析

日常生活中，我们总会因为一些事高兴或不高兴，可能是由于工作、生活上的事，有时可能由于别人的一句话，也可能是由于天气原因或生理上的不适感，总之这些心理感受、反应就是情绪。情绪的好坏直接影响着我们生活的质量、工作的效率。良好的情绪可以使人的注意力集中、思维开阔。此外，良好的情绪有益于身心健康。长久的坏情绪会导致抑郁症，影响人的身心健康和学习、工作。要培养良好情绪，就要提高认知能力以及分析问题、解决问题的能力。

训练方法

讲故事法；自由发言法；讲述法。

训练建议

1. 讲述情绪的知识，包括定义、作用。

2. 讲一个由于情绪不佳而影响考试的故事。

3. 由同学自由发言谈自己此时此刻的心情及为什么，分析原因。

多角度看问题

训练内容

情感共鸣

"妈妈，你看，我的书包带儿又断了，这个书包都用一年了，您快给我买个新的吧！"小华满以为妈妈肯定会答应，可没想到妈妈摸摸她的头说："书包带断了缝上还能用，以后再给你买新的吧。"小华一听，自己早已在商场里看中的那种既漂亮又结实的书包又"泡汤"了，立刻晴转多云，满脸不高兴。她多想背上一个"称心如意"的新书包呀！第二天，她趁妈妈高兴的时候，又跟妈妈软磨硬泡，可妈妈说什么也不答应，小华心里不是滋味，一连几天都不愿意跟妈妈说话。

认知理解

1. 小华一连几天都不高兴，心里不舒服，是因为她买新书包的愿望（也可以说是需要）没有得到满足。心理学告诉我们，

每个人都会有各种各样的需要，如物质的需要，安全的需要，与同伴交往的需要等等。当这些需要得不到满足时，便会产生失望、沮丧、难过等不高兴的心情，这就是心里不舒服的原因。人的需要不是总能得到满足，所以有时会不高兴是正常的。

2. 当我们不高兴、不舒服时，要积极地寻找原因，想一想是什么需要没有得到满足，这些需要是否合理。如不合理，就应该放弃，不要耿耿于怀；如果需要是合理的、正当的、切合实际的，就应该积极行动起来，化"不舒服"为力量，想方设法使自己的需要得到满足，使自己愉快起来。

操作训练

1.《你的焦忧心绪如何》测验

不安和担忧常常威胁着人们。当你处于这种情况，心情如何？下面是一项简单而通俗的测验。

请你仔细阅读以下每个问题，根据通常的感觉，在右边相应的数字上画圈，每个问题不要考虑太久。

1. 从来不　　　2. 有时　　　3. 常常　　　4. 总是

感觉很愉快	1	2	3	4
很易疲劳	1	2	3	4
容易哭	1	2	3	4
希望跟别人不一样	1	2	3	4
是拿不定主意因而经常失败	1	2	3	4
精神饱满	1	2	3	4
遇事沉着、冷静、全力以赴	1	2	3	4
为未来的困难担忧	1	2	3	4
为一些琐碎事操心	1	2	3	4

感到十分幸福	1	2	3	4
把所有的事情放在心上	1	2	3	4
缺乏自信心	1	2	3	4
安然无恙	1	2	3	4
尽力回避困难	1	2	3	4
感到忧郁	1	2	3	4
心满意足	1	2	3	4
对一切小事感兴趣	1	2	3	4
感到十分失望，事后又久久不能忘却	1	2	3	4
是一个稳健的人	1	2	3	4
为自己的事操心	1	2	3	4

请注意，至少得回答18个问题，否则，统计数据没有意义。

统计一下你所得的数字，如果总数小于30，说明你遇事还算想得开；如果总数为30~45，说明你的担心程度适中；如果总数在46以上，说明你遇事多愁善感。

2．在生活中碰到这样的情景，你会做何反应？

（1）在公共汽车上被人踩了一脚；

（2）同学们喊你的绰号；

（3）数学竞赛中高居榜首；

（4）别人把你的书弄坏了。

训练指导

教育目的

学会分析自己的感情，并加以调节。

主题分析

月有阴晴圆缺，人有旦夕祸福，生活中我们遇到些什么不快都是正常的。关键是你如何面对，如何调节。是被动地受感情奴役，还是主动调节？要想做个健康、快乐的人，那答案就是后者。要调节心情，首先应弄清自己为什么这样，原因何在，这样调节才有针对性。找到原因后对症下药。因此，应提高个体的认知能力，培养多角度看问题，要看到事物的多面性。

训练方法

分析法；角色扮演法。

训练建议

1. 提供问题情境让学生分析，以提高学生分析问题、多角度看问题的能力。

2. 让学生自己回忆曾让自己心情不愉快的事，并加以分析。

3. 组织同学编演一个小品，内容要贴近日常生活，表现同学发生矛盾后，最后握手言和。分析矛盾所在，其中内心矛盾和分析多采用独白的形式。

幽默是情绪的消毒剂

情感共鸣

据说有一次，一位钢琴家到某城市开独奏音乐会。谁知首场演出，观众不满三成。这对于音乐家来说，实在是很丢面子的事，也很容易影响音乐家的情绪，使演出质量打折扣。那位钢琴家并没有为之难堪，他在演奏前对观众说，你们这个城市的人都很有钱，每个人都买了三个座位，观众愣了一下，随后便会心地微笑起来，并长时间地为音乐家的幽默而鼓掌。随后的几天里，城里的人都知道，来了一位很有风度的音乐家，演奏会连着几天都满座。

认知理解

1.这个例子告诉了我们，在生活中要努力做一个快乐的人，要培养自己的幽默感。心理学家把幽默称之为情绪的消毒剂，幽

默感对人的情绪有着奇妙的良化作用。青少年学生较好运用这个表达和交际的工具，能给生活增添乐趣。

2. 要保持乐观的情绪，首先要做到别盯住消极面，这是保持良好情绪的关键。其次，莫过于挑剔。那些愁容满面的人，总是那些不够宽容的人。他们看不惯社会上的一切，希望世间的一切都符合自己的理想模式。再次，学会躲避挫折。遇到挫折、打击，情绪扭不过来，不妨暂时回避一下。最后，偶尔也要妥协。你不妨冷静地分析一下现状，中止不能取得的活动期望，重新设计新的生活目标，而不必一条死胡同走到底。

操作训练

自我松弛训练。

为了减轻青少年朋友们的压力，可以学习一些自我控制、自我松弛的方法，以减轻紧张因素。下面介绍的自我松弛训练，一般三周可学会。以下是自我暗示的内容。

1. 我在休息

我摆脱了一切的紧张，我在放松。我感到轻松自如。我是平静的。我是平静的。我是平静的。我什么也不期待。我在摆脱压力和紧张。全身都轻松了。我感到轻松和愉快。我在休息。

2. 腿脚的肌肉放松了

腿脚的肌肉放松了，脚是轻松而自如的。左腿的肌肉放松了。右腿的肌肉放松了。大腿和小腿的肌肉放松了。脚是轻松自如的。两腿两脚感到很沉重。我是安静的。我是安静的。我感到两脚两腿有舒服的暖流通过。暖流从脚趾流向小腿。我的腿感到温暖了。我很舒服。我已排除了一切紧张。我是非常安静的。我是安静的。

3．手臂的肌肉放松了

手臂的肌肉都放松了。左手和手指的肌肉放松了。左臂的肌肉放松了。肩部、前臂的肌肉都放松了。整个左手臂都放松了。右手和手指的肌肉放松了。放松了。肩部、前臂的肌肉都放松了。整个右手臂都放松了。两个手臂都放松了。

4．躯体的肌肉放松了

两臂是自然下垂的。背部的肌肉放松了。胸部的肌肉放松了。腹部的肌肉也放松了。放松了。感到全身都放松了。

5．头面部的肌肉放松了

头颈部的肌肉放松了。面部的肌肉放松了。双眉自如地分开了，额部是舒展的。眼皮下垂，柔和地闭住，鼻翼放松了。口部的肌肉放松了。两唇微开，颈部的肌肉放松了，感到颈部是凉爽的。

6．我已摆脱了紧张

我全身都放松了。我感到轻松自如。我感到呼吸均匀而平衡，我感到呼吸轻松自如，我感到凉爽的空气舒服地通过鼻孔，肺部感到舒服，感到呼吸的沉重，我是安静了。我的心脏跳动很缓慢，我已不感到心脏跳动。我感到轻松自如。我很舒服。我休息好了。

7．我已休息好了

我感到浑身轻松、舒服。感到精神倍增。我在睁眼。我想起床并行动起来。我精力充沛了。

训 练 指 导

教育目的

培养幽默感，保持乐观情绪，做个快乐的人。

主题分析

每个人的生活目标是不同的，但追求快乐肯定是每个人都希望的，没有什么人活在世上是为了做个痛苦的人。那么如何才能快乐呢？其中具有幽默感、保持乐观情绪是必要的。另外，客观地认识生活也是必要的。生活中充满艰辛，并非一帆风顺，人生路上肯定会遇到沟沟坎坎，这些都是不可避免的。因此，受到挫折时不要气馁、放弃、抱怨，应该正视、解决，在解决问题过程中提高自己。记住：自古英雄多磨难。不经历风雨不会见彩虹。

训练方法

认知理解法；榜样示范法；讲述法。

训练建议

1. 教师讲述生活中可能会遇到的坎坷，使同学有心理准备，增加对生活的理解。

2. 由学生讲述将来若遇到某挫折时该如何去做。

3. 请一些老人座谈生活的艰辛、挫折，使学生对人生有进一步客观的认识。

4. 布置作业：看关于海伦·凯勒的书，学习她克服困难、乐观的生活态度。

改掉坏脾气

训 练 内 容

情感共鸣

今天真倒霉，一天竟然和3个同学吵架。其中还与一个同学动了手。为这事老师批评了我，说我火气足，脾气大，太爱激动。我也知道自己常常为一些小事与同学闹个脸红脖子粗，得罪了朋友和同学。其实我没有什么恶意，发完火就忘了，可同学们生了一肚子气却不会忘，就不爱理我了。说我身上火药味太浓，划根火柴一点就着，还给我起外号叫"炮筒子"。哎，我怎样才能克服爱发脾气的毛病呢？

认知理解

1. 上面这个同学的问题在于不能很好地控制自己的情绪。要想克服坏脾气，不妨试一试以下方法。

（1）提醒法。请自己的好朋友帮助，当自己要发脾气时，请

他们及时提醒。

（2）转移法。在怒气来临时强迫自己数 30 个数或马上把自己的注意力转移到另一件事情上去，如读读故事书等。

2. 在 1984 年洛杉矶奥运会体操男子团体决赛中，由于裁判不公，有意压分，致使中国队失去了夺冠的机会。难过吗？当然难过！愤怒吗？当然愤怒！但是，在这种既定的不利现实面前，体操健儿并没有陷入无用的难过与愤怒之中。他们坦然面对现实，精神饱满地参加下一项比赛，结果在单项决赛中，为祖国赢得了四枚金牌。中国体操健儿的这种态度和行为，不仅说明他们用理智战胜了情感，而且也说明他们具有健康的情感。

操作训练

情绪稳定性测验。

下面有 30 道题，请根据自己的实际情况，做出回答。符合的，则把该问题后面的"是"圈起来；难以回答的，则把"?"圈起来；不符合的，则把"否"圈起来。做这个测验不必多加思考，要求用 10 分钟左右的时间完成，每题只能选择一个答案。

1. 我从未患过梦游症（即睡着时起来走路）。

（是）　否　?

2. 我从未因病而休假半年以上时间。　　（是）　否　?

3. 如果在工作时有人跑来打扰我，我就会感到很恼火。

是　（否）　?

4. 我几乎每天都会遇到一些难以处理的事情。

（是）　否　?

5. 在最近一次学习新知识或技巧时，我感到很有信心。

（是）　否　?

6. 我时常会被一些事情所激怒。　　　　是　（否）　？

7. 要是遭到别人的侮辱，我的心情将久久不会平息，过了好多天仍不能忘记。　　　　　　　　　　是　（否）　？

8. 我感到自己的生活是丰富的，并不单调。　（是）　否　？

9. 通常我很容易入睡，并且睡得很好。　　（是）　否　？

10. 我是个容易害羞的人。　　　　　　　是　（否）　？

11. 要是知道有人恨我，我也不放在心上。　（是）　否　？

12. 我时常会莫名其妙地感到欢乐或悲哀。　是　（否）　？

13. 我常常在应当着手做书面工作时，沉浸在幻想之中。

　　　　　　　　　　　　　　　　　是　（否）　？

14. 最近五年来我从未做过噩梦。　　　（是）　否　？

15. 我在搭乘电梯、穿马路或站在高处时，会感到恐惧。

　　　　　　　　　　　　　　　　　是　（否）　？

16. 遇到紧急事情时，我总能冷静地处理好。（是）　否　？

17. 在日常生活中我是个感情用事的人。　是　（否）　？

18. 我很少担心自己的健康问题。　　　　（是）　否　？

19. 我清楚地记得去年哪些人经常给我造成麻烦。

　　　　　　　　　　　　　　　　　　　（是）　否　？

20. 假期里，如果没有家庭作业和考试，我就不会主动去学习。　　　　　　　　　　　　　　　　（是）　否　？

21. 最近5年内，我在学习时，从来没有感到过空虚茫然。

　　　　　　　　　　　　　　　　　　（是）　否　？

22. 在过去一年中我遇到过三个以上对我不友好的人。

　　　　　　　　　　　　　　　　　　（是）　否　？

23. 在我的一生中，我能够达到我所希望达到的目标。

（是）　　否　？

24. 看到别人做出怪异的行为，我总是很难受。

（是）　　否　？

25. 自杀是荒唐的，我从未动过自杀的念头。

（是）　　否　？

26. 我常常感到不快乐。　　　　（是）　　否　？

27. 这两年，我从未泻过肚子。　（是）　　否　？

28. 通常情况下，我很有自信心。　（是）　　否　？

29. 我完全有理由相信自己有办法像多数人一样轻松地处理日常生活事情。　　　　　　　（是）　　否　？

30. 最近一个月里，我几次服用过镇静剂或安眠药。

（是）　　否　？

计分与评分

每圈一个"（是）"或"（否）"计2分，每圈一个"?"记1分，每圈一个"否"或"是"均不得分。将你在答题上的分数相加，算出总分。根据总分来查下面的评价表，就可以知道你的情绪稳定程度。

评价表

总　分　　　　情绪稳定性行为特征

0—11　不稳定情绪，过敏，内心困扰，心境波动大。

12—23　不太稳定情绪，常波动，内心时有困扰。

24—36　中等，介于情绪过敏与情绪稳定之间。

37—48　较稳定情绪，很少波动，有较稳定的态度与行为。

49—60　很稳定，稳重、成熟、自信、理智、镇定。

教育目的

认识到坏脾气的危害，克服坏脾气的方法。

主题分析

在人际交往中，人们都愿与那些脾气温和的人相处，火爆的坏脾气就成了良好、和谐人际交往的一个劲敌。坏脾气特点是遇到不顺心的事就发火，这样虽然自己暂时痛快了，却给别人和自己带来长时间的痛苦。而且经常如此对身体健康有害。应充分认识到坏脾气的危害。脾气火爆一般是由于意志力薄弱，不能很好地控制自己，因此，要想改掉坏脾气，要加强锻炼意志力，提高自身内在修养。同时也可采取一些心理学方法来改变。

训练方法

媒介榜样示范法；讨论法。

训练建议

1. 观看有关坏脾气的录像，其中内容应体现出受到坏脾气攻击的人所感到的痛苦以及坏脾气人后悔的心情。

2. 同学分成组讨论坏脾气的危害。

3. 让学生反思、自省自己是否有坏脾气，如果有，写出改正计划。

做情绪的主人

情感共鸣

虹虹近来变得喜怒无常，心情好的时候和同学们说说笑笑，可是不知谁说了句什么话，在别人听起来根本是无所谓的，而她听了会瞬时板起脸，扭头就走，或者劈头盖脸地将别人数落一顿。在家里也是这样，时而笑声不绝，时而闷闷不乐，莫名其妙地发火。妈妈说："虹虹你怎么越变越怪了，一会儿高兴，一会儿难过，像猴子脸一天变三变。"虹虹马上冲妈妈吼着："全是因为你，就是像你。"虹虹觉得同学们不再像以往与其亲密无间，都疏远她。虹虹烦恼不已。她想自己是初三学生，情绪不稳定、读书没有心思，肯定要影响自己的升学考试。虹虹犯愁极了。

认知理解

我们生活在一个丰富多彩的世界里，每个人的一生，可以说

中学生情绪心理调控

年年、月月，甚至天天都会有笑也有哭，有喜也有悲。古语所谓的"七情——喜、怒、忧、思、悲、惊、恐，人皆有之，也就是每个人都有情绪。情绪密切地反映着心理活动的变化。如果长时间地情绪不稳定，会对人的身体和心理健康造成损害。因此，要善于调节自己的情绪，做情绪的主人。可以通过以下途径来培养良好情绪：

1. 树立正确的人生态度。一个人能够树立正确的人生观，他就会对人生充满信心，无论什么情况下，他都能保持乐观主义精神。

2. 要有宽广的胸怀。如果一个人胸怀宽广，顾全大局，体谅他人，就不会为一些小事而陷入无穷的尴尬和莫名的痛苦中去。

3. 热爱生活。对生活缺乏兴趣的人，生活上往往缺乏寄托，朝三暮四。这样，就会很容易陷入自卑、失落等不良的情绪状态之中，生活天地会越来越狭窄。

操作训练

测测你的情绪稳定度。

你的情绪是稳定的吗？如果你希望知道结果，不妨完成下面的题目。请将中意答案的标号填在每题后的括号中。

测验题

1. 我有能力克服各种困难　　　　　　　　　　（　　）

A. 是的　　　　B. 不一定　　　　C. 不是的

2. 猛兽即使是关在铁笼里，我见了也会惴惴不安　（　　）

A. 是的　　　　B. 不一定　　　　C. 不是的

3. 如果我能到一个新环境，我要　　　　　　　（　　）

A. 把生活安排得和从前不一样

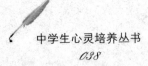

B．不确定　　　　C．和从前相仿

4．整个一生中，我一直觉得我能达到预期的目标　　　（　　　）

A．是的　　　　　B．不一定　　　　C．不是的

5．我在小学时敬佩的老师，到现在仍然令我敬佩　　　（　　　）

A．是的　　　　　　B．不一定　　　　C．不是的

6．不知为什么，有些人总是回避我或冷淡我　　　　　（　　　）

A．是的　　　　　　B．不一定　　　　C．不是的

7．我虽善意待人，却常常得不到好报　　　　　　　　（　　　）

A．是的　　　　　　B．不一定　　　　C．不是的

8．在大街上，我常常避开我所不愿意打招呼的人　　　（　　　）

A．极少如此　　　B．偶然如此　　　C．有时如此

9．当我聚精会神地欣赏音乐时，如果有人在旁高谈阔论

（　　　）

A．我仍能专心听音乐

B．介于A、C之间

C．不能专心并感到恼怒

10．我不论到什么地方，都能清楚地辨别方向　　　　（　　　）

A．是的　　　　　B．不一定　　　　C．不是的

11．我热爱所学专业和所从事的工作　　　　　　　　（　　　）

A．是的　　　　　B．不一定　　　　C．不是的

12．生动的梦境常常干扰我的睡眠　　　　　　　　　（　　　）

A．经常如此　　　B．偶尔如此　　　C．从不如此

13．季节气候的变化一般不影响我的情绪　　　　　　（　　　）

A．是的　　　　　B．介于A、C之间　　　　C．不是的

计分：

题号	A	B	C
1	2	1	0
2	0	1	2
3	0	1	2
4	2	1	0
5	2	1	0
6	0	1	2
7	0	1	2
8	2	1	0
9	2	1	0
10	2	1	0
11	2	1	0
12	0	1	2
13	2	1	0

总分在17~26分之间，表明情绪稳定；总分在13~16分之间，表明情绪基本稳定；总分在0~12分之间，表明情绪激动。

训练指导

教育目的

1. 了解情感和情绪合宜与不合宜之分，学会了解人类的情感和情感交流方式。

2. 学会控制自己的情感和情绪。

3. 对自己的情绪稳定性如何有一个初步的认识。

主题分析

情绪是人的心理活动的一个重要方面，它是人类对于周围各种事物和现象的内心感受，即人们对于环境、工作、学习、生活以及他人行为的内心体验。常言道，人非草木，孰能无情。情绪的波澜起伏、丰富多彩给人的心理活动增添了许多色彩，也使人们的活动增加了动力或阻碍。积极的情绪可以提高对生活、学习的自信心，有利于树立崇高的理想和养成良好的行为习惯，是十分宝贵的心理素质。但消极的情绪却是学生丧失学习信心和生活勇气的催化剂，它使人的意志消沉，兴趣低落。因此，教师要使学生学会调节和控制自己的消极情绪。

训练方法

讲解法；心理测验。

训练建议

1. 教师向学生讲述生活中的一个具体事例，使学生认识到主人公的症结在于情绪不稳定，这使得他的学习和生活都受到严重影响。

2. 教师向学生讲述培养良好情绪的途径与方法。

3. 教师对学生进行情绪稳定度的测试，使学生对自己情绪稳定度有一个初步的了解，从而有意识地进行调节和控制。

正确处理意外事件

情感共鸣

你知道爱迪生一生有多少项发明吗？说出来你一定会大吃一惊；不是几项、十几项，也不是几十项、几百项，而是1300多项！

你知道爱迪生是个聋子吗？因为家里穷，爱迪生就到火车上卖报维持生活。他虽然读书不多，但却喜欢科学，经常做各种实验。不料有一天，他正在忙着做实验的时候，火车震动，把黄磷震下来了，车厢里马上燃烧起来。后来，火虽然被扑灭了，车长却暴跳如雷，打了他一记耳光，叫他滚蛋。由于打得太狠，把他的耳膜震破了，害得他聋了一辈子。

在这严重的打击面前，爱迪生没有屈服，没有泄气，他坚定决心继续干下去。凭着他顽强的意志，利用耳聋可以排除一切喧嚷的干扰这个条件，又集中精力开始了他的科学研究，最终为人

类创造出了很多的发明。

认知理解

心理危机，指个体在遇到一些对其打击比较严重的事件时感到无力承受的一种无助、无望、完全放弃或者极度反抗、孤注一掷的心理状态。心理危机对一个人的生活有非常严重的影响，如果不能很好地解决，会危及一个人一生的发展甚至会危及他的生命。中学生的学习和生活一般相对比较平静，但有时也会有一些突然的意外事件和严重事件发生，如亲人离世，学习成绩的意外下降，老师和同学的误解等。学生对这些意外事件毫无思想准备，加上中学生的心理承受能力比较差，在突然事件的打击下，往往一下子手足无措而很容易导致意外。因此，必须理智地对待意外事件，增加心理承受能力。培养正确应付心理危机的能力是十分重要的。

操作训练

1. 全班讨论。

全班同学讨论什么叫作"严重事件"，并将自己认为的严重事件写下来，交到前面，并统一列到黑板上。

2. 同学自由发言讨论列于黑板上的"严重事件"的性质。

（1）你是怎样看待它的？

（2）它会有什么样的后果？

（3）它是否真的很严重？为什么？

（4）你如果遇到这些事件时，你会如何处理？

（5）你的处理方式会产生什么样的后果？

3. 将学生分成若干小组，讨论什么叫作"意外事件"，探讨一些意外事件发生的原因。如烫伤、中毒等的原因：倒开水时不

小心，开水瓶打翻或者食物不新鲜，吃了过期变质的食品，药物不合适等。

4. 学生自由发言，讨论自己意外事件的经历及其处理过程和结果。并将讨论的结果列于黑板上，供同学们参考。

5. "你的耐冲力有多大"小测验。

（1）有非常令人担心的事时：

A. 无法工作

B. 工作照干不误

C. 介于二者之间

（2）碰到了讨厌的对手时：

A. 无法应付

B. 应付自如

C. 二者之间

（3）失败时：

A. 破罐破摔

B. 使失败变成成功的契机

C. 二者之间

（4）学习进展不快时：

A. 焦躁万分

B. 冷静地想办法

C. 二者之间

（5）碰到难题时：

A. 失去信心

B. 为解决问题动脑筋

C. 二者之间

（6）学习条件恶劣时：

A．无法学习

B．能克服困难继续学习

C．二者之间

（7）学习中感到疲劳时：

A．总是想着疲劳，脑子不好使了

B．不顾疲劳继续学习

C．二者之间

（8）产生自卑感时：

A．不想再学习

B．重新振奋起精神去学习

C．二者之间

（9）老师给了你很难的题：

A．不做

B．千方百计做出来

C．二者之间

（10）困难落到自己头上时：

A．嫌恶之极

B．认为是个锻炼的好机会

C．二者之间

以上各题中，A为0分；B为2分；C为1分。总分在17分以上，说明耐冲击力很强；总分在10分~16分之间，说明虽有一定的耐冲击力，但对某些冲击的承受力薄弱；总分在9分以下，说明耐冲击力很弱。

教育目的

1. 通过讲述、讨论等方式教育学生明了一些日常意外事件发生的原因，教育学生正确对待意外事件并学习一些意外事件的处理方式。

2. 教育学生正确对待和处理可能会出现的严重事件，防止这些事件发生向心理危机的转化。

主题分析

对于中学生来说，正处在少年向成年的过渡期，身体发育比较迅速，心理发展则相对身体发育有一个滞后，学生的心理还来不及调整以适应快速变化的外部世界，因此比较容易产生心理上的问题，加上青少年的心理发展在这一段时期里具有闭锁性，遇到问题不愿意向老师和家长诉说。这就使得他们的心理问题具有隐蔽性的特点。因此，中学生的心理危机教育首先在于及时发现；为此，教师必须赢得学生的信任，使他们能袒露心扉，这样才能做到有的放矢。同时，教师平时要注意观察每个学生的行为表现，发现异常及时尽早处理。此外，中学生的心理危机教育还要注意引导学生深层次的思考，从根本上解决学生的思想障碍。

训练方法

讲解与讨论；心理测验。

训练建议

1. 教师向学生讲述伟大的发明家爱迪生的故事，使学生认识到什么是心理危机。

2．教师给学生进行分组，让他们进行讨论，从中明了一些日常意外事件发生的原因及如何处理这些意外事件。

3．教师向同学们进行心理小测验，使他们对自己的耐冲击力有一个初步的了解。

调节情绪，保持乐观

情感共鸣

英国化学家法拉第，年轻时由于工作紧张，神经失调，身体虚弱，久治无效。后来，一位名医对他进行诊治，开的"药方"是一句话；"一个小丑进城，胜过一打医生。"法拉第从此经常抽空去看喜剧、马戏等，还到野外和海边度假，调节生活情趣，以保持经常性的心境愉快，结果身体状态大为好转。

认知理解

1. 人的心理活动，是没有一刻平静的，忽而兴奋、欢乐，忽而沮丧、消极，常有波峰浪谷。但从总的情况来看，一个人只要注意情绪修养，就能保持乐观、开朗的心境。因为乐观、开朗的心境，能使人的大脑处于最佳活动状态，保证体内各器官系统的活动协调一致，使食欲旺盛，睡眠安稳，精力充沛，充分发挥有

机体的潜能，提高脑力和体力劳动的效率和耐久力。

2. 中学生的烦恼，大致可以分成家庭里的，如与父母之间的代沟，感到父母不理解、不支持自己；学校里的，如为一些小事与同学的争执，受到老师的误解；生活上的，如学习成绩不理想；交友上的，如没有知心朋友，或与好朋友产生矛盾；为人处世上的，如不知道如何与人进行人际交往等几大类。中学生的烦恼是和中学生的身心发展状态联系着的，如思想意识比较狭隘，不成熟；心胸狭窄，不能容纳一点挫折和不合理的事，倾向于用理想的目光看待问题；情绪不稳定，起落变化比较大等。

操作训练

请同学考虑在以下情景下该怎么办？

（1）今天情绪不佳，做什么都不起劲。

（2）今天发考试成绩单，我有一科不及格。

（3）今天上午为了一点小事跟好朋友吵了一架，两人到现在还不说话。

（4）班上同学取笑我长得矮。

训练指导

教育目的

1. 教育学生明了自己的烦恼所在。

2. 教育学生能以积极的态度面对自己的烦恼，能经常保持乐观的情绪。

主题分析

"烦着呢，别理我"是当前许多中学生爱说的一句话。烦，就是不顺心；不顺心，就会烦。谁不愿意天天快乐，高高兴兴学习

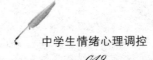

生活呢？谁不愿意什么事（包括学习）都事事如意，一帆风顺呢？这些美好的愿望是可以理解的，而且也应该为此去努力，去奋斗，但中学生的许多美好的想法和愿望，实现起来却不那么容易，不容易就会不顺心，就会经常"烦"，这主要是因为中学生没有看到社会的复杂性和周围一切事（包括人）的多样性。其实挫折随时随地在每个人的周围荡漾，随时都会落在每个人的身上，因此受委屈的情况是可能发生的。现实生活不可能风平浪静，总会遇到沟沟坎坎，这就需要中学生们具备良好的心理素质去迈过这些沟沟坎坎，从而保持乐观的情绪。

训练方法

讲解与讨论法；心理测验。

训练建议

1. 教师向学生讲述法拉第的故事，使学生认识到保持乐观情绪的重要性。

2. 教师讲述中学生一般烦恼的原因所在。

3. 教师提出具体情境，同学进行考虑，从中掌握处理烦恼的方法。

4. 教师对学生进行心理小测验，使学生对自己是不是一个轻松愉快的人有一个初步了解。

从挫折中看到成功的曙光

情感共鸣

我们知道爱迪生是世界伟大的发明家。今天习以为常的电灯，就是他发明的，为了研究做灯泡的灯丝，爱迪生先后试验了1600多种矿物和金属材料，可是全都失败了。

在一次又一次的失败面前，他始终没有灰心。他和助手们连实验室的大门都不出，试验进行了13个月，把棉丝烧成了细碳丝。但是这种炭丝非常脆，一动就断。他们好容易烧成了一根完整的炭丝，助手们小心翼翼地捧着，爱迪生像保护珍宝那样跟在后面，送到玻璃工那里去装灯泡。真倒霉，刚走到玻璃工人面前，这根细丝就断了。真是前功尽弃！

但是，爱迪生仍然没有泄气，回到实验室继续烧炭丝。终于成功了：电灯亮了。

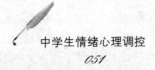

认知理解

从电灯的发明，我们可以看到，爱迪生具有多么坚强的意志和顽强的毅力啊！离开了这一点，他无论如何是不会有如此巨大的成就的。

作为一个强者，在挫折面前所表现出的不单纯是忍受，而且需要理智和豁达。忍受失败的毅力主要来源于对失败的科学认识和正确评价，失败里包含着成功。一次失败即是一次经验的积累，因而在失败中要看到成功的曙光。一个人只要心理上没有失败，就没有真正失败。如果你拒绝了失败，实际上也就拒绝了成功。正如我们要问一个爱好溜冰的人，如何获得成功的？他会说："跌倒了，爬起来便会成功。"

亲爱的中学生朋友们，要想在挫折面前真的笑起来，首先要有明确的目标；其次要有顽强的意志；最后就是要有科学的方法。大胆地尝试一下吧！你不仅可以成为一个"成功的失败者"，而且终将成为战胜挫折的成功者。

操作训练

1. 期末评三好学生，你因一票之差落选了。面对这个"打击"，你

A. 心里委屈，发誓从此不再争当三好生。

B. 无所谓，不如自己的有的是，我比他们还强呢。

C. 我对老师说，评选的不公平。

D. 静下心，与被评上的同学找差距，取人之长，暗下决心明年继续努力。

2. 下列情况，你会怎么办？

（1）自己想去一所重点高中学习，但各种努力均告失败，却

进了一所一般的学校。

（2）考上了重点高中，但第一学期考试成绩不理想。

3．"你是一个坚强的人吗？"小测验

（1）你是否比以前更容易发怒？

（2）你睡眠是否有麻烦？

（3）你是否周期性做噩梦？

（4）你是否经常摇动双脚？

（5）你是否对一切都比以前兴趣减少？

（6）你是否经常把自己和别人进行比较，以区别自己条件的好坏呢？

（7）你的父母在你长大时，是否经常争吵？

（8）当你周围的事一塌糊涂时，通常是否因为你的错误所引起的？

（9）你是否觉得自己的工作压力太大？

（10）你是否觉得自己比别人懒惰？

（11）你是否觉得自己怕羞、内向？

（12）你是否觉得自己不善理财？

（13）你是否经常妒忌他人？

（14）你的手掌是否经常多汗、冰冷？

（15）你是否不清楚自己学习的意义、作用？

（16）你的父母在你成长期间，是否经常有重病？

（17）你是否认为自己比同年的朋友欠缺健康？

（18）你是否经常有胃病？

（19）你是否经常在一段时期内觉得决定一些事情有困难？

（20）你是否喜欢你的同学？

（21）你是否经常觉得疲倦？

（22）你的口腔及喉咙是否经常感到干燥？

（23）你是否经常吃得过饱？

（24）你的肩膀、颈和背的肌肉是否经常酸痛？

（25）你回答上述问题时，是否不停地敲点手指头或铅笔？

记分方法：

是计1分；否计0分。累计你的得分，然后就可以大致上知道你是不是一个坚强的人。

答案与分析：

20~25分者：你的精神极度紧张。在学业上，通常可能十分成功。但是，你的健康可能很差，你所受的精神压力很大。中年以后，很容易有心脏病，而且不易接受打击，不易和人接近。但是，这类人工作很勤奋，奋斗心强。

15~20分者：这种分数的人可能处事十分冷静，而且逐渐获得更大的成就；或者，除此也很注意生活的其他方面，更懂得享受人生。因此，这种人既要在工作时更加专心，也不应做太多的白日梦。

6~11分者：这个分数的人，认为压力在生活中是不可避免的，而且也不准备回避压力，因此情绪稳定。

0~5分者：你是一个完全没有压力感觉的人，经常觉得快乐无忧。但是，你也未免太过怠懒，有时甚至毫无奋斗心。不过，你是一个快乐的人，可能一生都快快活活。

训练指导

教育目的

1．教育学生认识到困难和挫折是我们生活中不可避免的事情。

2．教育学生认识到困难和挫折的两重性及对待挫折的正确态度。

3．教育学生在遇到挫折时如何寻求帮助。

主题分析

挫折是个体在从事有目的的活动过程中遇到障碍或干扰，个人行动目标不能达到，需要不能满足时的情绪状态。造成挫折的原因包括主观和客观两个方面。一个人是否体验到挫折，与他的抱负水平有关。当他把自己所要达到的标准定得过高，超过了实际的能力，就很容易产生挫折感。一般来说，青少年由于身心发展和社会阅历等的限制，还不能对自己和社会有清楚的认识，他们的目标期望值往往超过自己的承受能力，在心理上会极为痛苦，情绪消沉低落，行为发生偏差，甚至会导致各种疾病的出现。因此，作为教师，应使学生能正确对待成长过程中所遇到的挫折，给成长中的学生以帮助。

训练方法

讲解法；心理测验法。

训练建议

1．教师向学生讲述伟大发明家爱迪生的故事，使学生认识到挫折是生活中不可避免的事情。

2．教师提出具体情境，让学生思考在这样的挫折面前应如何对待。

3．教师对学生进行心理小测验，使学生对自己的坚强与否有一个大致的了解。

体察自己和他人的情绪

情感共鸣

"感时花溅泪，恨时鸟惊心"，高中生的情绪就是这样的敏感、丰富和多变。

"年青一代，热情奔放"，列宁概括的特点同样适用于我们高中生，我们热爱生活，对一切事物都充满着热情和向往，"初生牛犊不怕虎"。

"少年不识愁滋味"，这是诗人的妄断，高中生的我们已开始"而今初识愁滋味"了，生理上的迅速成长带来种种心理紧张和困惑，日益强烈的"成人感"也给了我们角色变化的压力："都是一名高中生了！"

"阴晴不定，忽冷忽热"，你是否也有这样捉摸不定的情绪变化呢？刚才好好的，现在心理就特难过，为什么？自己也说不清。

"动人心者，莫先乎情"，认识自己的情绪重要，还在于能帮你体会认识他人的情绪，与他人共情会比一般的思想认识更易被接受。所以，我们一起来认识自己的情绪。

认知理解

情绪是什么？是根据外界事物是否符合我们的需要而产生的一种主观体验，如早晨清新的空气可能引起愉快的体验，而阴雨绵绵的天气会导致忧郁的心情；一曲悦耳的音乐能使人如醉如痴，一桩罪恶的行径又会令人义愤填膺。我们所产生的各种各样的情绪，都是由于外界事物与我们的关系不同而引起的。

情绪分为心境、热情、激情和应激四大类，心境是指一种持久、微弱而弥漫的情绪状态，如我们常说的"这几天很心烦"，指的就是一种持续的心境；热情指决定人的行为方向的强烈而稳妥的情绪状态，热情可以产生不可估量的力量；激情则指那种强烈、短暂、暴风雨般的情绪状态；应激是指在出乎意料的紧张与危险情境中产生的情绪状态，应激有两种表现，一是急中生智，二是目瞪口呆，手足无措。

高中生的情绪特点是外露性强，但也开始表现出内隐性；情绪反应迅速，持续时间较短，情绪有波动性和两极性，可由一种情绪转为另一种情绪。但随着年级的增高，情绪也日渐稳定持久和内在化，心境可持续一段时间。

操作训练

1. 全班讨论收集各种描绘情绪的词，体会"人有悲欢离合"的情绪多变性和多样性，接受自己的各种情绪。

2. 练习寻找自己情绪体验背后的原因。

（1）李明突然很内疚，可能因为_____。

中学生情绪心理调控

（2）王丽今天下午突然十分焦躁，干什么都干不下去，可能因为_____。

（3）今天期中考试成绩刚公布，倪华一直闷闷不乐的，那是因为_____。

（4）今天周日，我们都哼着曲子，心情轻松愉快，这可能因为_____。

（要求：理由多样，不要单调重复，要多方面考虑，比如学习因素、人际交往因素、兴趣因素、道德因素、动机因素、满足因素等）

参考：1. 喜（开心、愉快、快乐、满足、欣喜、称心）；2. 怒（气恼、气愤、光火、盛怒、震怒）；3. 惧（不安、紧张、着急、害怕、慌乱、不寒而栗、大惊失色）；4. 哀（哀伤、悲怆、痛苦、凄惨、辛酸）5. 厌恶（轻视、轻蔑、讥讽、排拒、嘲弄）；6. 羞耻（愧疚、内疚、尴尬、懊悔、耻辱）；7. 爱（认可、友善、信赖、和善、亲密、挚爱、宠爱、痴恋等）。

训练指导

教育目的

让学生认识情绪的性质，并学会体察自己的情绪。

主题分析

情绪是一种主观体验，似乎看不见、摸不着，但它又无时无处不在，且威力巨大。高中生的情绪特点是体验敏锐、丰富且强烈，带有波动性、两极性和一定的内隐性。因为良好的情感体验是心理健康的重要标志，所以引导学生善于认识自己的心态情绪，以便把握和控制自己的不良情绪，完善和发展自己的积极情感情绪，提高自己的非智力因素水平，进一步走向成熟。

训练方法

讨论法；认知作业法。

训练建议

1. 组织全班学生讨论搜集各种描述情绪的词语，并加以分类，让中学生体会情绪的丰富性和多变性；

2. 以完成认知作业的形式让学生找到情绪之后的原因，从中认识到自己各类情绪产生的背景条件，以便将来随时体察自己的情绪。

平常之中找快乐

训 练 内 容

情感共鸣

"你为什么不高兴了呢？"

"又没什么高兴事！"

这类对白你听过吗？说过吗？因为没有特别的"高兴事"而心情低落似乎有理，但"生活中并非缺少美，而是缺少发现美的眼睛"。

金圣叹在他的《西厢记》批语中，记录了他与朋友在连绵阴雨的十天里，住在庙中所回忆的33个令人"不亦快哉"的往事，这里摘录几则：

在街上行走，看见两个人正瞪眼咧嘴地争吵，仿佛是不共戴天的仇敌，但他们又"高拱手，低曲腰"，满嘴"之乎者也"。他们争吵得很激烈，仿佛一年也吵不完的样子。忽然一大汉走过来，

站在中间大喝一声，争吵之人马上散开，"不亦快哉"！

夏日里，自己在朱红色的盘子里，用快刀切熟透的西瓜，"不亦快哉"！

在身上不便让人看见的地方生了三四处癫疮，时常关起门来用热水洗一洗，"不亦快哉"！"身非圣人，安能无过"，做了一件错事，一夜醒来仍难以安心。忽想到佛家有布萨之法，只要自己不把错事掩藏起来，就算忏悔了。于是，遇人痛快地道出自己的过失，"不亦快哉"！

凡此种种，金圣叹真是从小事中寻找愉快的高手，从中你领略到了视小事为乐趣的生活艺术了吗？

认知理解

人要具有乐观的品质，首先要学会在平凡中寻找快乐，其次是会绝境逢生，换角度看问题。这两点中第一条更重要，因为我们都是平凡的普通人，过的是平凡的生活，我们接触的事物大多也是普通的事物，所以只有善于从平凡与普通的小事中寻找快乐，才能找到不竭的快乐之源。在我们每天经历的事情中，的确有日复一日毫无新意的普通事，有许多看起来不起眼的小事，但若细细品味，怀着享受生活、感谢生命的心态，你会发现快乐的因子早已蕴含其中。

"夏有凉风冬有雪，春有百花秋有月"，快乐时刻就候在你的身边，等你去看，去听，去想，去发现。

操作训练

1. 造造"快乐"的句子。

（1）这几天一直下雨，_____，我很高兴。

（2）这几天脸上此起彼伏地长"小痘痘"，_____，我觉得真好笑。

（3）明后天就要考试了，我忙死了，_____，充实得快高兴死了，哈哈！

（4）爸妈说从今后不再让我看电视，_____，我暗地里偷着乐。

（5）今天一大早起来，_____真高兴！

（6）今天骑车上学，_____，心情不坏1

2．学着用"但是"，找找平凡中的神奇。

如：今天天气仍然一样暖和，但是我觉得花草悄悄地长高了，很美。

今天心情郁闷，干什么都干不下去，但正好有借口小憩一会了，心安理得！

3．讨论心情低落对自己的学习、生活、人际交往的坏影响。

4．课外阅读盲人女作家海伦的《假如给我三天光明》。

5．坚持每周记一篇快乐日记，历数这一周你身边发生的"不亦快哉"的事儿，记住"生活的快乐与否，完全决定于个人对人、事、物的看法如何，因为，生活是由思想造成的"。

训练指导

教育目的

教会学生培养自己的良性情绪，保持乐观积极心态。

主题分析

情绪会在人的行为上留下烙印，使人的活动具有某种情调，激发或压抑个人的积极性。当人被消极的情绪困扰时，生活最容易遭受打击或损伤。持久的消极情绪是一种典型的自我挫败行为，

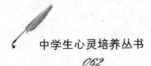

它严重地阻碍个体走向完善和成功。认识到情绪对个体身心的重要影响，教师要引导学生在平淡无奇的日常生活中保持积极乐观的良性情绪，这也是心理健康成熟的重要标志之一。不同的认知是导致乐观与消极两种不同情绪的主导原因，也是控制情绪的方法之一。

训练方法

认知作业法；讨论法；阅读法。

训练建议

1. 让学生完成认知句子，在特定情境下如何保持良好的积极情绪；

2. 让学生用"但是"法转换自己的认知，启发学生在日常生活中寻找改换情绪的"闪光点"；

3. 组织讨论不良情绪对个体学习、生活的影响；

4. 指导学生课外阅读一些名篇佳作，学习别人如何在平常甚至是困境中体会人生的快乐；

5. 让学生长期坚持贯彻"平常之中找快乐"的原则，具体方法是记日记。

我的情绪我做主

情感共鸣

国外曾报道过这样一则新闻：杰森是高二的一名学生，成绩优异，一心想报考医学院，并以哈佛为目标。一次考试，物理老师大卫给他80分，杰森深信这项成绩会影响他的未来，大卫给分太不公平，于是带了刀子去学校，接着在实验室里与大卫老师发生冲突，他举刀刺中大卫的锁骨部位，后被制服。在后来的诉讼中，四位心理学家与医师声称杰森行凶时丧失理智，后被判无罪。杰森自称他因成绩不佳而准备自杀，而去找物理老师是要告诉他自杀的意图，但大卫坚信杰森因成绩太低而愤愤不平，决意要置他于死地。

杰森后来转学到私立学校，两年后以极优异的成绩毕业，大卫对杰森从未向他致歉并为那次事件负责而深感不满。

值得我们追究的是：如此聪明的学生怎么会做出这么不理性的事情？这样是不是很笨？心理学家告诉我们：学业上的聪颖与情绪的控制关系不大。再聪明的人也可能因情绪失控或一时冲动铸下大错。专门学习一下情绪的控制吧！

认知理解

情绪如水，因为"水能载舟，亦能覆舟"，情绪能助你成功，也能帮你失败，全看你如何逐步完善你的情绪控制能力。情绪如空气，因为空气时刻包围着我们，而我们无论做什么，学什么，想什么，都伴随着情绪。

从心理健康的角度来看，情绪的控制是自我心理结构中最重要的调节机能，也是心理成熟的首要标志，人应该是自己情绪的主人，在控制情绪的过程中，成熟的个性也会得到发展。

情绪的重大意义在于他会在人的行为上留下烙印，使人的活动具有某种情调，激发或压抑个人的积极性。当你被消极情绪困扰时，你的生活易遭受打击或损伤。持久的消极情绪是一种典型的自我挫败行为，它严重阻碍你走向完善和成功。

做情绪的君主，掌握几种常用的控制情绪的方法：

1. 合理宣泄。把你的不良情绪尽快安全彻底地释放出去。

2. 呼吸调节法。用深呼吸使波动的情绪及时稳定下来。

3. 表情调节法。外部表情的放松有助于缓解内部的紧张或懊丧情绪，如微笑、轻搓面部。

4. 理智克制法。告诉自己不良情绪的害处。

5. 情境转移法。离开产生不良情绪的环境。

操作训练

1. 建一个情绪档案，找出控制不良情绪的方法来：

情绪档案

起因	控制方法
当我产生激怒情绪时	例： （1）分析一下发怒的后果。 （2）数到十下，再决定。 （3）不要过分激动，告诉自己 "生气无济于事"。
当我产生厌恶情绪时	
当我产生恐惧情绪时	
当我产生郁闷情绪时	
当我产生焦虑情绪时	
当我产生悲哀情绪时	

2. 请你想想：

哪些事会使你感到高兴：

哪些事会使你不高兴：

谁控制你的情绪：　　　外界事物、他人还是你自己？

3. 下面是一些情绪宣泄的方法，你觉得如何？和同学谈谈他们是怎么想，怎么做的？

情绪宣泄方法：

向老师、好朋友、父母倾诉，或写日记；

偷偷大哭一场；

丢开原来的想法，换一种乐观的想法；

参加运动，去散步或听音乐；

教育目的

让学生学会控制自己的情绪。

主题分析

同其他方面一样，高中生在情绪控制上也应逐步完善自己。情绪状态对于人的生命有着重要意义，人的一切心理活动都带有情绪色彩，并以不同状态显露出来。以心理健康角度看，情绪的控制是自我心理结构中最重要的调节机能。人应该是自己情绪的主人，在控制情绪的过程中，成熟的个性就发展起来了。

训练方法

认知作业法；讨论法。

训练建议

1. 指导学生建立一个"情绪小档案"，自己出谋划策去调节和控制各种不良情绪，之后全班范围内可以互相交流；

2. 让学生列举出使自己情绪变动的诱发因素，并进一步找出一般控制你情绪的主宰者是什么；

3. 全班范围内组织讨论情绪宣泄的方法，一起集思广益，如何"杀死"坏情绪，培养好情绪。

保持好情绪，才有好身体

训练内容

情感共鸣

美国生理学家爱尔马曾设计过这样一个简单的实验：把一支玻璃试管插在有冰水的容器（此时容器中冰水混合物温度0℃），然后收集人们在不同情绪状态下的"汽水"。结果很不"简单"，当一个人心平气和时，他呼出的气变成水后是澄清透明、无杂无色的；悲痛时水中有白色沉淀；生气时有紫色沉淀。当把人在生气时呼出的"生气水"注射在大白鼠身上，几分钟后大白鼠就死了。于是他分析：生气几分钟会耗费人体大量精力，其程度不亚于参加一次3000米赛跑；生气时的生理反应十分激烈，分泌比任何情绪时都复杂，都更具毒性，因此动辄生气的人很难健康。

在我国古代的养生思想中，保持情绪适度一直是重要的内容，如《黄帝内经·素问》中说："人有五脏化五气，以生喜怒悲忧

恐。故喜怒伤气，寒暑伤形；暴怒伤阴，暴喜伤阳"。由此看来，情绪与人体健康关系密切。有了稳定良好的情绪，人的健康会得到促进和改善，反之，则会导致疾病的产生。

认知理解

情绪对人体健康的积极抑或消极的影响，主要表现在两方面：

1. 平和的心境。忌突然的波动，剧烈的变化。突然的狂喜、暴怒、大忧、大恐或大哀，超过神经系统的承受程度，大脑皮层的亢奋会导致生理机能紊乱、失调、病变。

2. 保持良好的情绪。对同一件事，有的人可能事过境迁，有的人则可能耿耿于怀，这也是多病与长寿的区别。积极乐观的心境，可以提高活动效率，利于健康，而消极悲观的心境则会降低人的活动效率，使人经常处于焦虑状态，生理机能常处于应激状态，有害健康。

在现代医学、生理学研究中，情绪与疾病相关是有科学依据的，神经系统与免疫系统有直接联系，而且神经系统对免疫系统能否发挥其正常功能至关重要。

操作训练

1. "情极百病生，情舒百病除"，你能列举出哪些对身体有害的极度性情绪？

（参考：疑、妒、卑、傲、躁、愁、惧、悲）

2. 阅读分析：

（1）美的心境是绿意盎然的海滩，它由富于生命力的闪光的晶体铺成，凶险暴烈的冲击波不会破坏它的平静，放荡不羁的海啸的肆虐，也不会把它变成一片泥泞。潮来了，它迎头接着并不退缩；浪大着，它依然故我，决不呻吟。它以浩阔的容纳力和过滤性，筛选着情感智慧的金石，消化着情感健美的毒菌。

（2）法国临床内科医师特鲁梭为一名患病的妇女治病。患者总以为自己吞食了一只青蛙，呕吐不止。当轮到出诊给这位病人看病时，特鲁梭抓了只青蛙带在身上。他给病人喝催吐剂，当呕吐开始后，他悄悄地把青蛙放进盒子里。"您看，太太，这就是您受折磨的原因。"特鲁梭说："现在没事了，您的病全好了。"可安慰这位神经过敏的癔病患者也不那么容易。"它要是冷不防把它留在我肚子里怎么办？"患者极为困惑地问。"这是决不会的，夫人，因为这是只雄蛙。"特鲁梭自信地回答。

（3）斯坦福大学医学院的专家对患晚期乳腺癌的妇女做过一项研究：在最初的治疗包括外科手术后，这些妇女的癌症再次复发。按临床的说法，他们死于癌症不过是时间问题，然而，研究结果是那些每周参加病友聚会的晚期乳腺癌妇女患者的存活时间（3年）是未参加聚会者的（1年半）两倍。而所有的妇女都接受相同的治疗，唯一差别是有些患者参加小组活动，病友间命运相同，话题投机，可以互相倾诉心中的恐惧、痛苦和气愤。由于亲朋好友都不敢与这些病人谈论癌变及日益迫近的死亡，小组就成为她们唯一可以敞开心扉、倾诉情感的地方。

3．班级讨论：你自己身上及周围人身上发生的情绪治病与致病的事例及经验。

训 练 指 导

教育目的

了解情绪与身体疾病的关系，积极发挥情绪促进生理健康的积极一面，防止消极的另一面。

主题分析

人的情绪既可以导致疾病的产生甚至使其严重，也可以减轻病情甚至治愈，也就是说情绪对人的生理健康而言既可以致病亦可以治病。事实上，现代的健康定义，早已不应单纯是生理意义上的身体健康了，心理上的健康不容忽视。高中生自我控制能力已有所增强，完全可以有意识地理解情绪致病和治病的心理学原理。

训练方法

讨论法；阅读法。

训练建议

1. 启发学生讨论哪些情绪会对身体健康有害；

2. 让学生阅读若干关于情绪致病和治病的实际例子，师生一起分析其中的"为什么"；

3. 让学生自发地举身边的真实例子加深对情绪致病和治病的理解。

满足是快乐之本

训 练 内 容

情感共鸣

国王为了感谢多年来忠心耿耿服侍他的仆人，说："你尽管向前，只要在日落之前绕一圈回来，围到的土地全部送给你。"

仆人欣喜万分，不停地往前跑，简直像一头发了疯的野兽，就在太阳往西沉的一刹那，他终于绕完一大圈返回原地。不过，他也因此而累死了。

国王悲伤地将他埋了，其实他真正所获得的土地，也只有埋在那里的七尺罢了。

人们总想多得一些，结果往往不自觉地连自己也失掉了。

林语堂曾说过："知足常乐的秘诀是：懂得如何享用你所拥有的，并割舍不实际的欲念。"

满足，是你快乐的源泉。

认知理解

人的一生中，难免会有许多的不如意，而有的人能快快乐乐过一生，有的人却时时不如意，事事不顺心，难道真是他们遇到许多不幸吗？其实，很多时候，是他们自己为自己的心情设置了障碍，他们对自己的生活永远没有满足的时候，而事实却距离他们的要求差得很远很远。

"知足者常乐"是中国流传许久的一句至理名言，在其中有很深的意味。满足，不是盲目的乐观，不是无欲寡欲的心态，不是胸无大志的表现；满足，是一种境界，它教会我们在前进的路上有张有弛，这样我们时时满足，时时就很快乐，生活就会变得何其美满。

要做到情绪的自我调节与自我控制，使自己尽可能处于良好的情绪状态之中，那学会满足无疑是一个必修训练。

操作训练

1. 阅读小故事谈感想

南京有个外国商人，偶然中发现一户人家的几案上放着一块石头，想要买下来，一连来了好几次，主人故意抬高价钱，没能成交。主人心想：我如果再把它磨洗得更圆滑，更光泽，价钱还能再高一些。于是他就一再地磨洗，又一天，那个外商来了，一看吃惊地叹了一口气说："这原是一件最珍贵的宝石，可惜已没有什么用处了！"说完，头也不回地离开了，主人后悔不已，后大病一场且终日郁郁寡欢。

这个小故事对你有什么启示？在生活中你可曾遇到过类似的事情？你事后是怎样调节自己心态的？全班同学交流一下，写出体会。

2. 制定目标法。学会给自己的生活制定目标，既要有长远目标，又要有近期目标。目标制定要具体，有可行性，不要制定空洞无望的目标。然后列一个目标图，具体目标最好每周制定一次，如你的英语成绩不好没关系，不要把目标定得考试八十分啦之类的，而可以定作每天背十个单词，掌握一个语法知识，弄懂一个问题，这样的目标具体可行，你就会时时处于一种满足的心态，你学习起来不但有动力，还可以很快乐，过一段时间你就会发现，你可以提高自己的目标了。

3. 展开讨论，学会满足与自满有什么区别。在生活中如何才能学会满足？

训 练 指 导

教育目的

让学生学会为自己设定恰当的目标，以达到情绪的自我调节与自我控制。

主题分析

人的情绪就像多变的天气，很难让人掌握其中的规律，尤其在现实生活中，许许多多的事情很难让人如意，我们难免会失意、苦闷，情绪的低落也可能导致意志的消沉，恶性循环则可能导致心理问题。其实，许多时候是我们自己设置了心防。学会满足，就是告诉大家我们要为自己设置合理的目标，每达到一个小目标，你会体验到欣喜、成功，又激起了你进一步前进的欲望，这样就能始终处于一种良好的情绪状态之中。

训练方法

阅读分析法；制定目标法；讨论法。

训练建议

1. 通过阅读小故事启发同学思考，如何用学会满足来调整自己的心态。

2. 指导学生给自己制定合理目标，在目标达成的过程中体验满足感。

3. 组织同学讨论：区分本课所讲的满足感与自满、无所追求的满足。

幸福是一种心境

训练内容

情感共鸣

宇宙浩瀚，生命短暂，每当夜深人静，我们常扪心自问：忙忙碌碌所为何来？你是否怅然若有所失？生命到底在追求什么？是自己快乐？还是别人快乐？

有人告诉一位不快乐的国王："找到世界上最快乐的人，然后穿上他的衬衫，你就会快乐了。"后来，国王终于找到了世上最快乐的人，可是他穷得却连一件衬衫都没有！

有这样一个问题，雪溶解之后会变成什么？多数的大人会异口同声地回答"水"。但是有一个小孩却回答："变成春天。"面对今天的沮丧，大人的脸有如寒霜，小孩却以等待春天的心，高兴地准备迎接明天了。一位栽花的人告诉我们："漂亮的花也有心。人不一定要生得漂亮，但一定要活得漂亮！"

"人无千日好，花无百日红"，人生是无常的，"不雨花犹落，无风絮自飞"，"风来疏竹，风过而竹不留声；雁度寒潭，雁去而潭不留影。"如果我们少一点抱怨，多一点赞美，以平常的心看待面前的世界，那又何尝不是"日日是好日"呢？

认知理解

幸福，是人人都想要追求的东西，但实际上，幸福又是一种抽象的东西，我们看不见，摸不着，而只能用心去体味。

你拥有家财万贯就拥有了幸福吗？你拥有无上的社会地位就是幸福吗？你碌碌无为却很长寿就一定幸福吗？谁也不能给出完全肯定的答案，包括你、我、他。

幸福只是人的一种心理感觉，它会随着具体情境、随着人的心情而变化，当你在漫无边际的沙漠里行走的时候，拥有一瓶水就是非常幸福的。如果你肢体不健全，你就会觉得拥有强健的身体就是无比的幸福。你感觉不到幸福，那是因为你总是不断在和别人比较，用自己的不足去比较别人的长处。所以，你心情沮丧，而在这种情绪的支配下犹如戴上了一副墨镜，你就看不到生活的绚丽多彩了，你也忽略了时时围绕在自己身边的幸福。

我活着，拥有爱自己的父母，这是幸福；我成长，拥有知心的好友，这是幸福；我快乐，拥有美好的每一天，更是幸福。幸福就是生活中的点点滴滴，擦亮了心，一切都是美好的。

幸福是一个心思诡谲的女神，但她的眼光并不势利。权力能支配一切，却支配不了命运。金钱能买来一切，却买不来幸福。

操作训练

1. 讨论"什么是幸福？"回想自己十几年来感到最幸福的时刻是在什么时候？发生了什么事？对你的情绪有什么影响？

2. 角色扮演。演出小品，不同的人对幸福有不同理解，如一个腰缠万贯的老板却感到生活空虚、痛苦；一个失明的孩子却每天都很快乐，因为他有一颗明亮的心。

3. 游戏。老师做商店店主，每个同学都前来购买你所需要的东西，并说出为什么。

4. 游戏。设置不同情境，让同学体会现有的快乐，并学会珍惜。如蒙上双眼做一些走、跑、与人交谈等活动；或是个孤儿，一切都要靠自己；或是患了绝症，只能活上一个月等等。让同学谈谈面对这些情境的心理感受。

5. 课后作业"找幸福"，回家可问爸爸、妈妈、奶奶、亲戚、朋友，什么是幸福？自己拥有哪些幸福？全班进行交流。

6. 培养自己的良好情绪，要做到：

（1）对自己和他人期望不要过高；

（2）保持一颗年轻、快乐的心；

（3）自我赞美、自我激励、自我安慰；

（4）学会情绪的自我调节：如放松、宣泄、转移、升华等等。

训练指导

教育目的

1. 让学生认识到什么是幸福。

2. 培养学生主动去寻找身边的幸福的兴趣，促进良好情绪的形成。

主题分析

幸福是什么？幸福在哪里？这是困扰许多人的一个问题，我们在现实生活中捕捉不到幸福这个奇怪的精灵，有的只是对它的

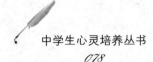

一种美好的情绪体验。幸福是一种感觉，它会随着具体的情境而变化。其实，幸福就在我们身边，在一点一滴的小事之中，需要我们用"心"去体会。不要为自己遇到的一点点困难而痛苦、而悲伤，如果你永远拿自己的痛苦和别人比较，就永远找不到幸福。高中生已有自己的思想，他们情感丰富而强烈，我们要引导学生乐观对待生活，捕捉自己身边的幸福，完善和发展自己积极的体验，促进心理健康发展。

训练方法

讨论法；角色扮演法；游戏法；作业法；讲解法。

训练建议

1. 组织同学讨论"什么是幸福"，引发他们的思考。

2. 角色扮演的内容最好由学生自己选题，教师只作为指导，从而加深他们的认识。

3. 组织游戏，让他们体味"什么是幸福"。

4. 教师同学生讲解应该以怎样的心态去对待生活，从而保持良好情绪，学生就会认识到自己一直就生活在幸福之中。

努力克服嫉妒心理

训练内容

情感共鸣

分别在高三年级与高一年级的兄弟俩都加入了学校的棒球队，哥哥的球技虽然不差，但弟弟的运动神经比较发达，个性也较开朗，因此更受同学欢迎，哥哥为此总感到不愉快。兄弟俩生活在一起，有共同的对儿时的种种回忆，又都熟知对方为人。

有一天学校跟另一球队比赛，其场面非常紧张、激烈，比分交替上升，直到在终场前一分钟，由于弟弟在第九局打出了一支"安打"才赢了这场球。相反地，哥哥却有点失常，原来击出去的球却变成了双杀，或接不到滚地球而让对方球队先驰得点，实在有失光彩。哥哥在比赛后更衣时，听到弟弟对其他队员说："我哥哥虽然犯了错，但我不是已扳回来了吗"？

当晚，兄弟俩为了这件事大吵了一场，终于发展到哥哥用球

棒把弟弟打成了重伤。

认知理解

嫉妒，是一种情绪状态，从总体来说，它是一种负向感情，它的动因是由自己的需要得不到满足而进行的一种不良情绪的发泄，是一种企图缩小差距，实现心理平衡的状态。

嫉妒的内容是十分广泛的，可以包括学业上的、生活条件上的、仪表上的、社会活动方面的、地位升迁等等。可见，任何事情都可能成为引发嫉妒心理的导火线。嫉妒心一旦产生，会推而广之，对于与该事物有关的人产生全面嫉妒，听其言则逆耳，观其行则刺眼。在这种情况下，会把这种心理加以扩散，对其好的表现也视而不见。这是社会心理学中的"晖光效应"。可见，嫉妒是一种不良的心理表现，会影响个体成长。

但是我们应当承认，在这个世界上，无论怎样，没有嫉妒心理的人是不存在的。所以我们要学会情绪调节，努力克服嫉妒心理。消除嫉妒心理的方法是多种多样的，只要用心去学，你就一定能摆脱嫉妒的纠缠。

操作训练

1. 老师讲解"嫉妒的危害性"。师生共同搜集历史上发生过的及日常生活中的例子，并进行讨论，请同学谈谈自己的体会。

2. 引导学生进行自我反省，回答以下问题：

（1）我嫉妒哪些人？为什么嫉妒他们？

（2）他们在什么方面比我优越？为什么优越？

（3）我如果要超过他们，应该怎么办？嫉妒有用吗？

（4）别人会嫉妒我吗？为什么会？我有哪些地方比别人优越？

（5）如果别人嫉妒我，对我落井下石，我的感觉会怎样？我应该怎样对待别人？

（6）嫉妒对我的成长有什么影响？

3．各有所长训练。列出你自己的3个优点，如体育成绩好、团结同学、个子高等等，然后写出你所在班的每个同学的优点。交给老师；由老师总结公布，看看自己和同学都有哪些优点。然后，每天大声对自己说："人各有所长，我有些地方不如别人，也有些地方比别人强。"

4．与人为善训练。培养友爱精神，对朋友的爱越多，嫉妒越少。要学会赞美别人，承认对方的长处，行动上主动帮助别人，特别是那些你嫉妒过或嫉妒过你的人，态度要真诚，不要有居高临下的态度。

5．自信心训练。嫉妒往往源于自卑。

6．被嫉妒心理纠缠时，可对自己当头"棒喝"，大喊一声"停"，恢复清醒的自我意识，也可采用放松训练，平静自己的心灵，冷静下来思考问题。

训练指导

教育目的

1．使学生认识到嫉妒这种不良情绪体验的危害性。

2．教育学生正确认识自我的优缺点。

3．指导学生自觉克服嫉妒心理。

主题分析

嫉妒是一种典型的不良情绪状态。但它又是实实在在存在于你我之间的，没有嫉妒心理的人是不存在的，只是有的人难以摆脱它的纠缠，便敌视和诋毁在某一方面比自己强的人，来使自己

得到一种心理上的满足。这时，嫉妒严重阻碍了人的健康成长。而另一部分人，通过自我的努力来克服自己的不足，以期赶上别人，他做了情绪的主人，把嫉妒转化为一种前进的动力。高中生的嫉妒主要集中在学习、才能、家庭条件等内容上，从本质上讲是可以教育的。

教师要正确教育和引导学生，帮助他们充分认识到嫉妒的危害，分析自己的特点，发展和完善自己，从而消除嫉妒心理。

训练方法

讲解和讨论法；自我测试法；实际训练法。

训练建议

1．通过讲解和讨论使同学认识到嫉妒的危害性。

2．通过自我反省，对自己有正确的认识，教师要指导学生对自己的嫉妒心理有所认识，而不要妄加评论，要激发他们战胜嫉妒心理的信心，在认识上得到提高。

3．通过各项训练，学生掌握战胜自我、消除嫉妒心理的方法。

永不抛弃，永不放弃

情感共鸣

美国的海关里，有一批没收的脚踏车，在公告后决定拍卖。

拍卖中，每次叫价的时候，总有一个10岁出头的男孩喊价，他总是以"5块钱"开始出价，然后眼睁睁地看着脚踏车被别人用三四十元买走。

拍卖暂停休息时，拍卖员问那小男孩，为什么不出较高价钱来买？男孩说他只有5块钱。拍卖会又开始了，那男孩还是给每辆车同样的价格，然后被别人用较高的价格买去。

直到最后一刻，拍卖会要结束了，这时只剩下一辆最棒的脚踏车，车身光亮如新，有多种排挡，十段杆式变速、双向手刹车、速度显示器和一套夜间电动灯光装置。

拍卖员问："有谁出价呢？"

这时，站最前面，而几乎已经放弃希望的那个小男孩轻声地再说一次："5元钱。"拍卖员停止唱价，只是停下来站在那里。

这时，所有在场上的人全都盯着这位小男孩，没有人出声，也没有人举手，更没有人喊价。直到拍卖员唱价三次后，他大声说："这辆脚踏车卖给这位穿短裤白球鞋的小伙子！"此话一出，全场鼓掌。

那小男孩拿出紧握手中仅有的5块钱，买了那辆毫无疑问是世界上最漂亮的脚踏车时，他脸上流露出从未见过的灿烂笑容。

在我们的生命中，除了"胜过别人""超越别人"之外，是否也同时能抱着"不肯放弃最后一丝希望"的决心呢？

记住，莎士比亚曾说过——

"即使斧头细小，只要尽力多砍，终能砍倒最坚硬的橡木。"

认知理解

目标是某种你想要达到的境地或标准。没有目标，生活将是盲目的、没有意义的，人就不会运用和发展自己的才能和智慧。但是在目标实现的过程中，却并不总是一帆风顺的，可能会有这样那样的困难，这就好比你要想领略"一览众山小"的风景，必须要爬上一级级台阶。在这个过程中，你可能会想到放弃，但只要你坚持，不放弃最后一丝希望，你就有可能成功！

希望，是我们心灵的强心剂，只有乐观、自信的人才会看到希望，并抓住希望不放手，成功与否往往就在那一念间，让自己的心看到希望，做自己心灵的调剂师。

操作训练

1. 听老师讲故事谈感想。

这是发生在生活中的一件真实的事情。一高三女学生平时学业成绩优良，对自己考取大学充满了信心，高考结束了，别的同学的通知书陆陆续续到达了，却没有她的。她感到绝望痛苦，一念之下喝农药自杀了。可就在她死后的第二天，通知书就送到了家里，而且是一所著名的重点大学。

听了这个故事你有什么感想？如果是你，你会怎么做？

2. 回想自己的成长经历，是否有因为没有坚持到最后而导致失败的事例？为什么没有坚持？当时的心情是怎样的？你应该怎么办？你认为调节当时的情绪有哪些办法？全班同学一起交流，由老师归纳总结。

3. 读名人传记，每人寻找一个"不放弃最后一丝希望"的小故事，谈谈对你有什么启示？

4. 当你遇到情绪不好的时候，不要放弃希望，试一试下面这个方法：

心情不好的时候，脑子里就为自己当时的情绪画一张卡通画，累了就可以是"一头牛累倒在地上了"；害怕了就是"有鬼在后面追着我"等等，然后自己使劲想一个好的画面接上，如"牛喝了凉凉的井水，精精神神地站起来了""我回头盯着那个鬼，鬼怕人，它就跑了"等等，如果你经常出现某种消极情绪，你可以"编一组卡通连环画"。第一幅是象征你现在情绪状态的画，后面是一幅象征着良好情绪的画，有时可以画成三或四幅的画，其中从第二幅是开始描写事情转变的过程，最后一幅是象征达到了良好情绪的画面。反复想象这组画面，直到你把它们记牢。这样，当你陷入这种消极情绪时，只要对自己说："这情绪就是我那连环画的第一幅画面"，脑子里就会想起第一幅画面。第一幅画面一出现，后面的画面出现后，你的情绪就会变得好一些。

训练指导

教育目的

1. 使学生明白事情成功往往就在那最后一刻的坚持，希望是我们前进的动力。

2. 帮助学生提高认识、掌握调节自己情绪的方法。

主题分析

希望，永远是我们前进的动力。一个毫无希望的人生，犹如一潭死水，找不出任何意义。希望来源于对事态发展和自我能力的正确认识，而我们在为自己设定目标的过程中，总是饱含希望的，可为什么有的人成功了，可有的人却总是失败呢？原因就在于他放弃了希望，生活并不总是一帆风顺的。教师有责任让学生清楚地认识到这一点。可是，在前行的过程中，我们不能轻言放弃，哪怕是一丝丝希望，因为也许这就是"峰回路转"的转机，只有不放弃希望，成功才有可能来到你身边。看来，命运总是掌握在自己手里。高中生随着生活范围的扩大，面临的抉择越来越多，要让学生懂得珍惜，永不放弃希望！

训练方法

实例分析；阅读法；回忆法；讲解法。

训练建议

1. 通过实例分析和回想学生自己的成长经历，引发学生的思考，检讨自己以往的不足，讨论应该怎么办。

2. 让学生通过阅读名人传记，寻找榜样的力量。

3. 教会学生"连环画法"这一调节情绪的方法，培养学生积极情绪。

如何保持情绪稳定

训 练 内 容

情感共鸣

谁不曾有过失意、挫折、痛苦、忧伤、烦恼的时刻？谁不曾尝过孤寂无依、绕室彷徨的滋味？既然"人生愁恨何能免"，那么，又怎样去排遣这份无可奈何的情怀呢？

"何以解忧？唯有杜康"，以酒浇愁，大概是古往今来最普遍的一种方式了。"一醉解千愁"，"醉乡路稳宜频到，此外不堪行"。酒，在骚人墨客的笔下，似乎真是解愁良药，可是，"举杯消愁愁更愁。"

有人在心烦时去跳舞，有人去看一场电影，也有人去大吃一顿。种种做法，与以酒浇愁一样，无非是想获得感官的一种麻醉，以忘却心头的不快而已。

西方人士在心情苦闷时往往去开快车，骑疾马，或者从事剧

烈运动，企图借体力的消耗来宣泄心中的积郁。然而，这也是暂时性的。

曾国藩说过："近来每苦心郁闷，毫无生机，因思寻乐，约有三端：勤劳而后憩息，一乐也。至淡以清心，二乐也。读书声出金石，三乐也。"英国作家毛姆也说过："对消除烦恼，工作比威士忌酒更有效。"用劳动、读书、工作来解忧，无疑比感官一时的麻醉容易奏效得多。

有一首歌："我寂寞时，我就到山上去，我知道我会听见以前听见过的。音乐之声将为我的心祝福，我又将再唱歌。"假使你会弹奏一种乐器，会作画，会雕塑，会任何一种手工艺，有任何一技之长，那还怕什么寂寞，忧愁呢？遇到情绪不佳时，把自己关在工作室里，埋头创作，一切愁苦，自然会抛到九霄云外。

另外，去旅行一趟，让青山绿水洗涤你的胸襟；听听唱片，让音乐净化你的心灵；种种花，从枝叶间得到美的熏陶；跟孩童或者小动物亲近，欣赏那份可爱的天真无邪；平日为自己培养一份高尚的嗜好，如集邮、摄影、下棋、研究书法、做女红等，也都是忘忧消愁之道。解忧何必杜康！

认知理解

每个人都有七情六欲，谁都有情绪不好的时候，这是正常的。人的情绪尽管能够发生变化，但这种变化并不总是能迅速完成的，往往需要一段时间。由于个体差异的存在，有的人注意力容易转移，情绪稳定性好，而有的人烦闷心情不好时则比较难以马上好转起来。消闷解忧是需要时间的，别人的帮助有时会帮助转变心情，有时反而使你更加烦恼，所以遇到烦恼时，自己一定要想办法去调节，比如前文所提到的诸多的好办法，我们不妨用一用。

我们不能任不良情绪蔓延滋长，否则它将影响我们的学习效率，破坏我们的身心健康。

操作训练

1. 充分利用前文提到的消除不良情绪的方法，如娱乐、唱歌、到大自然中去、旅游、养成良好的爱好、与孩童在一起等等。

2. 伤心时，当面找伤害你的人说清；焦急时，不要躲避你所害怕的事；愤怒时，要多问问自己；内疚时，把愤怒引向它应该发泄的地方。

3. 自我小测验：你是个情绪稳定的人吗？

请在A、B、C中根据自己的实际情况做出选择。

（1）一年四季的气候变化一般不会影响我的情绪。

A. 是的　　　　B. 不一定　　　C. 不是的

（2）生动的梦境，常常会影响我的情绪和睡眠。

A. 经常如此　　B. 偶尔如此　　C. 极少如此

（3）我有广泛的兴趣爱好，其中有些兴趣爱好很深入。

A. 是的　　　　B. 不全是　　　C. 不是

（4）我不论到什么地方，都能有清楚的方位感。

A. 是的　　　　B. 不一定　　　C. 不是

（5）当我聚精会神地阅读小说时，如果有人在一旁高谈阔论，

A. 我仍能心无旁骛，不受影响

B. 受影响，无法专心

C. 不能专心，并为此气恼

（6）在大街上等公众场合，我常常避开我所不愿打招呼的人。

A. 极少如此　　　B. 偶尔如此　　C. 有时如此

（7）我虽待人以善，却常常得不到好的回报。

A．是的 　　　　B．不一定 　　C．不是

（8）不知为什么，有些人总是回避我、冷淡我。

A．常常如此 　　　B．有时如此 　　C．极少如此

（9）我在小学时钦佩的老师，到现在仍然令我钦佩。

A．绝大多数是 　　B．有些是 　　C．极少如此

（10）回顾过去，展望将来，我一直觉得自己能达到自己预期的目标。

A．是的 　　　　B．不一定 　　C．不是

（11）如果我能到一个新环境，我会

A．把生活安排得和从前不一样

B．视情况而定是否改变生活方式

C．与从前一样

（12）猛兽即使关在笼子里，我见了也会惴惴不安

A．是的 　　　　B．不一定 　　C．不是

（13）我有能力克服各种困难

A．是的 　　　　B．不一定 　　C．不是

计分方法如下：

（1）A 2；B 1；C 0，　　　　（2）A 0；B 1；C 2，

（3）A 2；B 1；C 0，　　　　（4）A 2；B 1；C 0，

（5）A 2；B 1；C 0，　　　　（6）A 2；B 1；C 0，

（7）A 0；B 1；C 2，　　　　（8）A 0；B 1；C 2，

（9）A 0；B 1；C 0，　　　　（10）A 2；B 1；C 0，

（11）A 0；B 1；C 2，　　　　（12）A 0；B 1；C 2，

（13）A 2；B 1；C 0

结果分析：将各题得分相加，算出总得分。

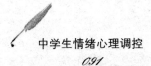

总分17~26分：你的情绪稳定，性格成熟，能面对现实，以沉着冷静的态度和勇敢务实的作风处理和应付生活中的各种问题。当然有时过分的宽解也会使你感到压力。

总分13~16分：你的情绪有时变化，但一般不容易大起大落，在应付生活中的常规性问题时，你还是能从容面对，不过，对于生活中的重大问题或突发事件，你容易急躁焦虑，在这方面，你还须多多接受锻炼和考验。

总分0~12分：你的情绪太容易起伏波动了，这样烦恼会频生，也使你不能很好地处理生活中的问题，容易受环境的不利因素支配。小小的挫折会令你身心受损，情绪变坏，你应马上学习调控情绪的方法。

训练指导

教育目的

1. 使学生了解自己的情绪变化规律。
2. 让学生掌握科学的情绪调节办法。

主题分析

中学生的情绪是易变的，不稳定的，而且他们控制自己情绪的能力也比较差。喜怒哀乐都表现在脸上，高兴的时候，整个世界都一片灿烂；难过的时候，周围的一切都变得昏暗。尤其是情绪不佳时，有的学生显得无能为力，任其蔓延滋生，甚至影响学习和生活。教师要抓住这些特点，在学生中对症下药。相对而言，高三学生的情绪更容易变得急躁、厌烦、焦虑。教师更应该及时给予指导，教给他们情绪调节的办法。

训练方法

认知理解法；讨论法；自测法。

训练建议

1. 结合课文，分析调节情绪的各种办法。

2. 组织学生讨论：当自己情绪不好时怎么办？

3. 情绪调节成功的关键，在于把目前所面临的矛盾或引起不良情绪的事情解决好。

用音乐陶冶性情调整心境

训练内容

情感共鸣

一定有很多学生感到：上音乐课，唱歌，比上别的课更可亲，音乐教室里的空气比别处的空气更温暖。即此一点，已可窥见音乐与人生关系的密切。艺术于人心有很大的感化力，音乐是最微妙而神秘的艺术，故其对人生的潜移默化之力也最大。对于个人，音乐好像益友而兼良师；对于团体，音乐是一个无形而有力的向导者。

个人所受于音乐的惠赐，主要是慰安与陶冶。

我们的生活，无论求学、办事、做工，都要天天运用理智，不但身体辛劳，精神上也是很辛苦的。故古人有"世智""生劳""尘劳"等语。可见我们的理智生活有多辛苦，感情生活是常被世智所抑制而难以舒展的。给人以舒展感情生活的机会的，只有艺

术，而艺术中最流动的，最活泼的音乐，给我们精神上的慰安尤大，故生活辛苦的人，都自然要求音乐，像农夫有田歌，舟人有棹歌，做母亲的有摇篮曲，一般劳动者都喜欢山歌，便是其实例，他们一日间生活的辛苦，可因这音乐的慰安而恢复。故外国的音乐论者说：音乐在人生同食物一样重要。食物是营养身体的，音乐是营养精神的，即"音乐是精神的食粮。"

音乐即是精神的食粮，其影响人生的力量当然很大。良好音乐可以陶冶精神，不良的音乐可以伤害身心。故音乐性质的良否必须谨慎选择，高尚的音乐能把人心潜移默化，养成健全的人格。反之，不良的音乐也会把人心潜移默化，使他不知不觉地堕落。故我们必须慎选良好的音乐，方可获得陶冶之益。古人说："作乐崇德，"就是因为良好的音乐，不仅慰安，又能陶冶人心，而崇高人的道德，学校中定音乐为必修科，其主旨也在于此，所以说，音乐对于个人是益友而兼良师。

认知理解

当我们情绪不好时，千万不能坐以待毙，而是要想办法调节自己的情绪。调节情绪的方法是信手可得的。学会欣赏音乐，会很快改变你消沉的情绪。你或是在音乐中找到共鸣，或是随音乐去畅游。总之，音乐会使你情绪愉快，心情平稳。因而在生活中，你不能没有音乐，要学会用音乐调节自己的情绪。

操作训练

下面向你介绍调节情绪的音乐疗法。

音乐疗法是用音乐陶冶性情、调整心境的自我心理保健法。研究表明，乐曲的不同节奏、旋律、速度、响度、音调和音色，可以产生不同的情感效应和肌体效应。A调激人高扬，B调使人哀怨，C调启人友爱，D调令人热烈，E调助人安定，F调叫人浮躁。欢快的旋律可加强肌肉张力，振奋精神，柔和的音调和徐缓的节奏可平稳呼吸，镇静安神；优美的音色可降低神经张力，令人轻松愉快等。

音乐疗法的施治环境应清雅安静，舒适美观，光线柔和，空气新鲜以使人精神愉快，渐入"乐境"。

音乐疗法所选乐曲应因人因情而异。每个同学的性格，音乐修养和乐曲爱好不同，所以应有针对性地选择不同乐曲，注重整体调节。一般来讲，性格抑郁的同学，宜听旋律流畅优美、节奏明快、情调欢乐的一类乐曲，如《流水》《黄莺吟》《百鸟朝风》《步步高》《喜洋洋》等。经常焦虑的同学，宜听旋律清丽高雅、节奏缓慢、情调悠然、风格典雅的乐曲，如《平湖秋月》《雨打芭蕉》《姑苏行》等。易激动发怒的同学，宜听旋律优美、恬静悦耳、节奏婉转一类的乐曲，如《春江花月夜》《平沙落雁》《塞上曲》等。而有失眠现象的人，则应多听节奏少变、旋律缓慢、轻悠典雅的乐曲，如《幽兰》《梅花三弄》《二泉映月》等。音乐疗法除了采用人工谱写的乐曲以外，也可以利用自然界中有益于身心健康、具有康复作用的音响，如雨声可以催眠，鸟鸣可化解忧愁等。音乐疗法的适应范围比较广，凡是由精神因素引起的高级神经活动过度紧张，大脑机能活动暂时失调而造成的各种心理问题，如焦虑症、抑郁症，都可采用音乐疗法予以治疗。

训练指导

教育目的

引导学生学会欣赏音乐，掌握音乐疗法。

主题分析

目前，许多中学生喜欢音乐，但他们多数是追逐着流行乐坛，听着和唱着自己无法理解的一些流行歌曲。充分利用学生喜欢音乐的特点，教师要使学生懂得，音乐不仅仅是一种时尚，而且音乐中孕育着一种美，一种境界，可以用来调节自己的不良情绪。值得注意的是，不同的情绪要用不同的音乐来调节，心情忧伤时，你还听那种哀怨低调的音乐，反而会使你更加忧伤。可见，欣赏音乐的确也是一门艺术，其中大有学问。用音乐调节自己的情绪简单易行，而且可以陶冶人的情操，使人高雅。所以，教师应使学生更好地掌握音乐疗法，并能够恰当地运用。

训练方法

讲解法；实验法。

训练建议

1. 教师在课堂上当场为同学播放某种音乐，调节学生的情绪，如消除紧张焦虑、排解抑郁不安等。

2. 本课的难点在于调节不同情绪时，选择不同的音乐，音乐要适宜。

有效地控制愤怒的情绪

情感共鸣

脾气是匕首，这样的匕首，每个人都有一把。修养好的人，让匕首深藏不露，非万不得已，绝不亮出它。然而，涵养不到家者，却动辄以匕首作为保护自己尊严的武器——不论大事小事，只要不合乎他的心意，便大发雷霆，以那把无形的匕首，来伤人，对家人如此，对朋友也如此，一视同仁。

把别人刺得遍体鳞伤，他还理直气壮地说道："发脾气对我有如放爆竹，劈劈啪啪放完了，便没事了。"没事的，是他自己，别人呢？别人的感受怎么样，他可曾想过？

脾气来时，理智便去。每一句话都浸在刀光剑影中，寒光逼人。道行高的，也许懂得脱身之道。然而，一般人只有呆呆木立，任匕首乱刺，痛苦万状地看着心脏淌血。血流得多了，便偷偷地

把自己所拥有的那一把匕首拿出来磨，也同时磨勇气。匕首越磨越利，勇气也越磨越强。

终于，那一天来了。惯用匕首的那个人，又以他的匕首这里那里乱刺。伺机报复的这个人呢，静静地抿着嘴，不动声色地将那把磨得极锋利的匕首取了出来，对准对方的心口，猛猛地刺过去，匕首直插要害。他应声倒地的那一刹那，才恍然大悟："哎哟，别人身上，原来也是有匕首的！"所以说，出匕首，能不三思否？

认知理解

愤怒，通常表现为发脾气。一个人完全没有"脾气"，那是不可能的。脾气是一种未加适当控制的情感。一个人格健康的人，无疑具有体验深刻的丰富情感，所以愤怒也不足为怪。这里所讨论的是当发脾气一旦成为人们习惯性的心理反应时，将对我们的学习和生活造成妨碍。

愤怒是事与愿违时当事人的一种惰性反应。它的形式有勃然大怒、敌意情绪、乱摔东西、怒目而视、沉默不语等。其实，愤怒情绪并不是"人人都有。"你不必找出种种理由对它加以保护，因为它不解决任何问题，而且任何一个精神愉快、有所作为的人都不会与它为伍。愤怒情绪是一个误区，是一种心理病毒，它同生理病毒一样，可以使你重病缠身，精神错误，并且人际关系出现危机。

操作训练

1. 认清危害。

愤怒情绪对人没有任何好处。愤怒使人情绪低落、陷入惰性。从病理学角度看，愤怒可导致高血压、溃疡、皮疹、心悸、失眠、

困乏、甚至心脏病。从心理学角度讲，愤怒可破坏人际关系，阻碍情感交流，导致内疚与沮丧情绪。总之，它使你不愉快，也使他人不愉快，导致的后果后患无穷。

2. 自我反省。

在自我反省中认识到自己的不足。当你遇到不顺心的事，你就分析"不顺心"，找适当的办法看待"不顺心"，学会多角度，换角度思考问题，有时看问题看得全面一点，看得深刻一点，或者从对方角度想一下，气也就小了，也许没有了。遇到事情先使自己冷静下来，自己不断在心里告诫自己：别发火，别发火！用这样的办法先控制情绪，降温处理，然后再解决问题。也可以告诉周围的同学和朋友帮你，当他们看你要发火时，多提醒你。

3. 培养自制力。

自制能使人冷静，使人戒骄戒躁，使人生出智慧，使人风度潇洒。你要成为一个成功者，必须有控制自己喜怒哀乐的能力，这样才能成为一个有度量、有见识的人。培养自制的好习惯，会使你终身受益。它可以帮你成为一个思路正确、行为优良的人。成功者应该养成和颜悦色、谈吐自然、进退合宜的个性。这样，对于你的要求，别人都会顺从。

国外心理学家在有关"培养自制力"问题上，专门命名了"自制的七个C。"

控制自己的时间（clock），根据实际情况控制你的时间，你可以确定学习多久，娱乐多久，休息多久，担忧多久以及拖延多久。你可以改变时间表，提前半小时起来，决定如何利用每一天。

控制思想（concepts），学会控制自己思考问题的方式方法。

控制接触的对象（contacts），我们无法选择共同生活或相处的

全部对象，但是我们可以选择共度时间最多的伙伴，也可以认识新朋友，改变环境，找出成功的楷模。

控制沟通的方式（communication），我们可以控制说话的内容和方式。沟通方式最重要的是聆听和观察。找到自己喜欢的对象，沟通多数会取得成功。

控制承诺（commitments），如果做了承诺，你就有责任实现自己的话，所以应加以控制。

控制目标（causes），有了自己的思想、交往对象以及沟通方式，你就可以制定生活中的长期目标与短期目标。

控制忧虑（concern），不管周围发生什么事，你都要保持乐观精神。

有效地培养"自制的七个C"，你就会变得心理安定平和，自然会控制你的脾气，为你的成功打下基础。

训 练 指 导

教育目的

1. 让学生了解愤怒对人对己的不良影响。

2. 培养学生的自制力，学会有效控制发脾气。

主题分析

正所谓年轻气盛，许多中学生由于逆反心理作怪，很容易恼火、愤怒。而也有一些学生由于性格原因将愤怒压在心底里，折磨自己，即生闷气。这些都是由中学生的特定心理特点所引起的，中学时期是人的个性逐步定型的阶段，因而及时纠正中学生的不良情绪习惯尤为重要。稳定的情绪和豁达心胸是人们走向成功的阶梯，愤怒不仅破坏良好的人际关系，也破坏自己的形象，降低自己的身份。所以教师在生活中应不断培养学生的自制力，尽量少发脾气，形成稳定而健康的情绪特征。

训练方法

讲解法；自我反省法。

训练建议

1. 教师可结合发脾气引起不良后果的实例帮助学生分析愤怒的严重危害。

2. 在课堂上，教师让学生反省自己是否脾气不好，以后打算怎样改正。

3. 组织学生说出愤怒造成的种种危害。

4. 开展"比比谁的自制力最强"活动，指导学生在生活中培养"自制的七个C"。

不要把心事憋在心里

小月前几天遇到了一件不顺心的事。好几天她都一直阴沉着脸，不说也不笑。别人问她怎么了，她头一低就躲开了。这样一来，同学们对她就疏远了，她的学习成绩也下降了。看到这些情况，班主任王老师把小月叫到她的办公室，语重心长地对她说："小月，老师知道你心里有事，希望你能说出来，好吗？如果一个人的情绪不好，把烦恼总是想在心里不释放出来，不但会影响学习和同学关系，对你自己的身体健康也有坏处。所以当你心情不好的时候，你最好找一个值得你信任的人把心里的话告诉他。这样，你的心情就会变好的。你觉得老师值得信任吗？如果值得，你就尽管跟我说吧！"小月听了，眼泪一下子涌了出来，"哇"的一声哭了。小月哭了半天，王老师慢慢地擦干了她的眼泪，接着说："你尽管哭吧！这对你有好处。"小月不哭了，感激地向老师倾诉了长时间闷在心里的心事，接下来的几天里，大家发现，小月变了。一切都好了，跟以前一样了。

读读想想

1. 小月为什么近几天与同学关系疏远了？学习成绩也下降了？

2. 老师告诉了小月一个什么道理？

3. 小月哭了，王老师为什么没有阻止，反而让她继续哭？

4. 你猜猜小月向王老师都倾诉了什么？

做做试试

1. 请问当你遇到烦恼时，你是怎么办的？请你说说你克服烦恼的经验。

2. 当你感到情绪不好的时候，请你把令你烦恼的事告诉知心朋友。如果想放声大哭，你尽管尽情地哭，如果想放声大骂，你尽管尽情地骂，如果想打架，你也可以把稻草人或棉被当对象，尽情地打，当你觉得不想哭、不想骂、不想打的时候，你的情绪也差不多好了。

3. 如果你没有知心朋友可倾诉，请你把令自己烦恼的事写出来。然后自己回答下面三个问题：

（1）我为什么为这些事烦恼？

（2）这些事对我有什么用？有什么影响？

（3）烦恼发生的根源是什么？

然后，将自己的烦恼整理成文字，使自己对烦恼的认识由感性上升到理性，从而正确地对待和处理自己的烦恼。

4. 请你为自己设计并制作一个"快乐的小天使"。小天使没有一点烦恼和忧虑，生活得非常快乐，并且，小天使非常善解人意，它能了解我们的烦恼，倾听我们的诉说。有烦恼的时候你就可以和小天使讲。她会帮助你解决困难的。

我的目标

通过宣泄消除烦恼，调节心情。

帮你出主意

每个人都有烦恼和忧愁。请你不要把心事憋在心里，只要你尽情地诉说了，一切都会好的。

训练指导

教育目的

让学生学会利用宣泄方式调控消极情感。

主题分析

消极的情绪情感在日常生活中时有发生，在学校心理教育工作中，除了要注意培养学生的积极情感外，还应让学生学会调节、控制自己的消极情感。调控消极情感的方式很多，其中有一种就是宣泄调控方式，即当产生消极情感时，向同学、老师或父母倾诉内心的焦虑和痛苦，并接受他们给予的劝慰和帮助，这样，通过情感的充分表露和从外界得到的反馈信息，可以调整引起消极情感的认知过程和改变不合理的观念，从而求得心理上的平衡，以达到调控消极情感的目的。

训练方法

讲解法；活动法。

训练建议

1. 教师让学生自己找一诉说的对象，把自己想说而又一直不敢说或没有机会说的话尽情地写出来。

中学生情绪心理调控

2. 教师从学生所写的心里话中，挑选几份情真意切但不影响同学关系或师生关系的当众宣读（宣读时可不指名），鼓励学生有心事就一定想办法表达出来，这样才有利于心理健康。

参考教案

训练目的
训练学生自我调节情绪的能力。

训练教法
谈话、讨论。

训练教具
幻灯片。

导入方式
谈话导入。

训练安排
先讲一件小事，然后根据事件的内容提问，引发学生思考使学生树立自己的目标。

结束方式
学生小结、教师总结。

训练过程
导入新课

当你遇到烦恼时，最好的方法就是"一吐为快"。

新授

（一）读课文，思考问题

1. 小月为什么近几天与同学关系疏远了？学习成绩也下降了？

2．王老师告诉了小月一个什么道理？

3．小月哭了，王老师为什么没有阻止，反而让她继续哭？

4．你能说说小月向王老师都倾诉了什么吗？

教师小结：王老师这样做会使小月的心情好一些。

（二）做做试试

1．当你遇到烦恼时，你是怎么办的？请说说你克服烦恼的经验。

2．当你没有知心朋友可倾诉时，请你把令自己烦恼的事写出来，然后自己回答下面三个问题：

（1）我为什么有这些烦恼？

（2）这些事对我有什么用？有什么影响？

（3）烦恼发生的根源是什么？

3．为自己设计并制作一个"快乐小天使"，让它倾听我们的烦恼。

教师小结：同学们有烦恼时也可以自己想办法，排除自己的烦恼。

（三）学生小结

通过这节课的学习，学会通过宣泄消除烦恼，调节心情。

（四）教师总结

每个人都有烦恼和忧愁。请你不要把心事憋在心里。只要你尽情地诉说了，一切都会变好。

学会控制自己的愤怒情绪

训练内容

　　小茵在操场上和同学玩踢毽子。突然，一只足球飞过来，打中了小茵的头。这时，只见小林跑过来说："对不起，实在对不起。"

　　小茵不顾他的道歉，生气地说："你的眼睛长哪儿去了？踢球也不看着点，臭脚！"

　　小林听了也生气了，说："我又不是故意的。我已经道过歉了。你还想怎么的？你怎么还骂人？"小茵说："就骂你，谁叫你用足球打我的头？"

　　小林说："你再骂，我就揍你。"

　　小茵说："就骂你，看你敢打我！"

　　于是，小林伸手就打了小茵。小茵也不甘示弱，用脚踢小林。这样他俩就厮打起来了。后来小茵的脸被抓破了淌了不少血。小

林的耳朵被咬了一口，也流出血来。两人身上都被打得青一块，紫一块的。后来老师知道了，严厉地批评了他们。他俩还当着全班同学的面读了自己的检讨书。真是既受皮肉之苦，又大丢脸面，实在不该打架。

读读想想

1. 小茵、小林做得对吗？小林为什么要打小茵？

2. 如果小茵接受了小林的道歉，结果会怎么样？如果小林控制了自己的愤怒，结果又会怎么样？

3. 小茵和小林应该怎么做？

4. 从这个故事中你得到了什么启示？

做做试试

1. 请你说出生气和愤怒的十种危害。

2. 请你学会用行为调节法控制愤怒。具体做法是这样的：人高兴的时候就哈哈大笑，不高兴的时候会哭泣。反过来，哈哈大笑的时候人也会感到高兴，哭泣的时候也会感到不高兴。所以，当你感到不高兴的时候，或者愤怒的时候，你可以故意哈哈大笑一番。一会儿，你就能慢慢地高兴起来了，也就不再生气了。

3. 请你学会用注意力转移法控制愤怒。当生气的时候，我们不能和同学吵架，但我们可以去做其他事情，比如说，可以和其他同学一起玩，去踢足球、看电影、听音乐等。从事另外一种活动的时间长了，就会忘掉不愉快，愤怒也就慢慢平息了。

4. 当你愤怒难抑的时候，也可以做一下呼吸训练或者其他放松训练，会对你有好处的。

5. 请你背下《莫生气》这首诗。内容如下：

人生就像一场戏，因为有缘才相聚。为了小事发脾气，回头想想又何必。别人生气我不气，气出病来无人替。我若生气谁如意，况且伤神又费力。

我的目标

控制生气，告别愤怒。

帮你出主意

生气、愤怒虽然也是人之常情，但它对人身体，对做事都没好处。可谓有百害而无一利。请你养成凡事不生气的习惯。

训练指导

教育目的

让学生懂得利用音乐来调控自己的情感。

主题分析

音乐具有极强的艺术感染力，情感心理学家认为，音乐能通过物理和心理的两条途径对人产生影响。音乐的心理作用在于，优美的音乐能促使人体分泌一些有益于健康的激素，起到调节神经细胞兴奋的作用。由于每首乐曲的节奏、速度、音调等不尽相同，从而可以表现出不同的情绪调控效果。旋律优美的音乐，能使人产生欢乐、恬静的情感；节奏缓慢、音调优雅的音乐，具有镇静、安定情感的作用。所以，当出现忧郁、沮丧、焦虑、烦闷的情感时，唱唱或听听曲调欢乐、节奏明快、旋律流畅、音色优美的乐曲，有助于消极情感的调节和控制，化消极情感为积极情感。

训练方法

讲解法。

训练建议

1. 教师让学生了解音乐与情绪情感之间有一定的关系。

2. 让学生懂得利用音乐来调控情绪。

参考教案

训练目的

1. 使学生了解生气和愤怒的危害。

2. 学会用行为调节法来控制愤怒。

训练重点、难点

学会控制自己的情绪。

训练教法

讨论、谈话。

训练教具

幻灯片。

导入方式

谈话导入。

结束方式

学生小结、教师总结。

训练安排

谈话导入——读课文——启发思考——讨论。

训练过程

导入新课

当你和别人闹别扭，你是怎样做的（指名说）？那样做对不对呢？老师先不说，学完这节课后请同学们自己判断一下。

新授

（一）读课文，思考问题

1. 小茜、小林做得对吗？小林为什么要打小茜？

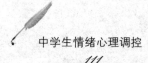

2．如果小茵接受了小林的道歉，结果会怎样？如果小林控制了自己的愤怒，结果又会怎么样？

3．小茵和小林应该怎样做？

4．从这个故事中你得到了什么启示？

教师小结：同学之间即使发生矛盾，也应先从自己身上找原因，主动承认错误。

（二）做做试试

1．请你说出生气和愤怒的十种危害。

2．学会用行为调节法来控制愤怒。教师带领学生做一遍，让学生谈感觉。

3．也可以做呼吸训练或放松训练。

4．学会用注意力转移法控制愤怒。

5，背《莫生气》。

（三）学生小结

学会控制生气，告别愤怒。

教师总结

生气、愤怒虽然是人之常情，但它对身体，对我们做事都没好处，请你养成凡事不生气的习惯。

美就是这样创造的

清晨，一轮红日从地平线上升起，金灿灿的阳光穿过树叶的缝隙，星星点点地撒在林荫道上。路旁的花草还挂着一串串露珠，几只小鸟不停地在树上婉转歌唱。

"早晨多美呀！"我深深地吸了一口气，空气仿佛被滤过了，散发着一股泥土的芳香。每天早晨我都要来到这小树林里跑步，今天自然也不例外。猛地，我的目光又落到那个身影上。她佝偻着腰，身上还穿着那件灰色的过了时的旧上衣，瘦小的身子显得那样弱不禁风。她手握扫帚。扫一下退一步，那把快秃了的扫帚在她的手里却使那些废纸烂树叶变得服服帖帖。

忽然，她蹲了下来，扫帚放到了一边，身体紧靠一棵树，手伸进了树洞。只见她胳膊在艰难地动着，额头的青筋露了出来。几颗豆大的汗珠顺着灰黄色的脸颊淌了下来，忽然，她笑了笑，脸上的皱纹一下子舒展了。她慢慢地站了起来，用手轻轻地捶了几下腰，又捡起扫帚在树洞里掏了起来，不一会儿，废纸烂果皮争先恐后地从树洞里跑了出来，她端着簸箕，把脏东西收了起来，这时，她那苍白的脸才泛起了一丝红晕。

我一边跑着，思绪却被她带走了。啊！想起来了！就是她！无论严寒酷暑，无论刮风下雨，每天都给行人创造出一片美。待我跑步归来，她已经离开了。我忽然发现此时的阳光更美了，此时的花草更嫩了，此时的鸟叫得更动听了，此时的空气更清新了。我忽然又想起了罗素的话："我们周围处处有美，重要的是在于发现美。"今天我不仅发现了美的存在，我还发现了创造美的人，她用她的行动创造了美好环境，她用她的品德，创造了美好的心灵。

读读想想

1．本文为什么用"美就是这样创造的"做题目？

因为本文通过对一位普通清洁工人清扫垃圾时细微生动的描写，为读者展示了不辞辛劳为人们创造美好环境的清洁工人的形象，歌颂了其高尚品德。正是她们的行动创造了美好环境，她们的品德创造了美好的心灵。

2．作者是怎样表达自己的情感的？

作者是通过自己的所见，运用夸奖的方式，来表达自己的感情的。

3．仔细想想，以前你是否有过这方面的经验？

做做试试

在以后的学习、生活中，当你周围的人做好事或他们有某种值得表扬的优点时，你不妨夸她们以此来表达自己的感情。

我的目标

当你在一次考试中取得了令人满意的成绩时，你非常高兴。这时你很想表达自己的愉悦心情。但你又不能直接与别人夸奖自己。你不妨表扬一下也同样取得好成绩的同学，通过夸奖别人来愉悦自己的情绪。这样既表扬了别人，又表达了自己的感情，可以说是一举两得。

训练指导

教育目的

培养学生的美感。

主题分析

美是客观存在的，他不仅存在于自然界中，也存在于艺术作品中，存在于人自身之上。形式上的美总是服从于内容上的美，要让学生了解一个人正直、诚恳、无私会给人以亲切的美感。

训练方法

故事启发法；讨论法。

训练建议

1. 分析课文中的问题，让学生联系自己的生活，谈一谈到底什么才是真正的美。

2. 教师可以让每位学生讲一个有关"美"的故事。因时间有限，可分小组进行，最后每组选出一到两个最精彩的故事讲给全班同学，使同学们受到启发教育。

参考教案

训练目的

使学生学会发现别人的优点，并会运用夸奖的方式，来表达自己的感情。

训练重点

发现别人的优点。

训练难点

夸奖别人的优点。

教具准备

录音机、幻灯片。

训练方法

榜样引导。

训练过程

谈话导入

同学们，俗话说：爱美之心人皆有之。但你知道什么是美吗？在你眼中什么是美呢？（学生自由发言）

过渡：我们身边美的事物还有很多，但我们现在不应只会欣赏美，还应该学会创造美（板书课题）。

1．听配乐故事《美就是这样创造的》。

2．提问。

（1）故事中的美指的是什么？由准创造的？

（2）课文为什么用"美就是这样创造的"作题目？

（3）作者是怎样表达自己的情感的？

3．讨论。

4．交流。

5．方法。

加深认识，以知导行

1．以前，当别人在某些方面超过你时，你是怎么想的？又是怎么做的？

2．在以后的学习、生活中，当别人做了好事或有值得表扬的优点时，你会怎样做？为什么？

总结

通过本课的学习，同学们对生活中的美又有新的认识，并且知道了要善于发现美，善于创造美，对于生活中美的事物还要敢于夸奖，这样既表扬了别人，又表达了自己的感情。但是，千万不要夸奖那些不值得夸奖的人，免得别人误以为你在讽刺他。

合理宣泄消极情绪

在我的记忆中，有许多时刻是令人难忘的。它们就像天上的星星，数也数不清。其中有一颗星星最明亮、最耀眼，它将永远闪烁着灿烂的光芒。

去年12月，我失去了人生最伟大的母爱。只有12岁呀！这残酷的事实，使本来就性格内向的我，变得更加忧郁。妈妈去世后的第三天，我去上学。清晨，我第一个来到教室，忽然发现桌子里放着许多信和卡片。我急忙把信拿出来，开封，上面写道："你不要悲伤，老师就是你的妈妈，班集体就是你温暖的家……"我又打开一封，里面写道："擦干眼泪，勇敢地向命运挑战吧！……我们真诚地期待着，在你的脸上充满笑容的那一天。"啊，这是一封封慰问信呀！我迫不及待地拆开了所有的信，一句句感人的话语，立刻映入我的眼帘。封封信，字字情，多么真挚的情谊啊！

看到这些，这几天发生的事情，一幕幕又浮现在眼前：母亲去世的那天，天格外冷，刮着西北风，我坐在妈妈那张空床上，想到再也见不到妈妈那慈祥的面容，听不到那亲切的话语，我控制不住内心的悲痛，哭得像泪人似的。就在这时，班主任老师来到我家。她安慰我鼓励我。当时我一头歪在老师怀里，如同感受到了更伟大的母爱。

不知什么时候，同学们来了，围在我身边，看着这些熟悉的面孔，我的眼泪不禁夺眶而出。他们以为我又想起了妈妈，忙安慰我。他们哪里知道，这不是伤心的，而是激动的呀！我感谢老师，感谢同学，我不能辜负大家的希望。这动人的一幕，这难忘时时刻，将永远留在我的记忆中，激励我前进。

读读想想

1. 仔细想一下，作者第一次为什么哭？

因为当她坐在妈妈那张空床上，想到再也见不到妈妈那慈祥的面容，听不到妈妈那亲切的话语，控制不住自己内心的悲痛而哭了。也就是说，作者由于想妈妈，是由于悲痛而哭的。

2. 因为作者到校时，看到了封封慰问信，同时又想了自己特别需要关心时老师同学们给予的无私的爱，再也控制不住自己内心激动的感情而哭的。也就是说是由于激动而哭，而不是由于伤心而哭的。

3. 仔细回忆一下，你都在什么情况下哭？

做做试试

当自己以后不开心时，不妨找一个没人的地方哭一场，以此来宣泄自己悲伤的心情。

帮你出主意

当你遇到特别不开心的事情时，你很想哭一场，可你怕别人笑话，只好抑制自己的心情，有时你会觉得更难受。你不妨找个无人的地方哭一场，或向一个要好的朋友倾诉你的心声，你会觉得好多啦。请记住哭不是软弱，是直率，因为哭一场并不影响赶路。所以，在以后生活道路上，要哭就哭，要笑就笑吧！只是别忘了赶路。

训练指导

教育目的

让学生学会合理地宣泄自己的消极情绪，减轻心理压抑，保持心理健康。

主题分析

理论和实践都告诉我们，当一个人遇到不顺心的事情，产生忧愁、烦恼等消极情感时，适度的给予宣泄有利于缓解内心的压抑，减少对心理的危害。宣泄的方式有直接的，也有间接的，当直接宣泄对己对人都不利时，可用间接宣泄的方式使情感得到出路。在众多的宣泄方式中哭也是很有效的方式，这是因为哭作为一种纯真的情感爆发，是人的一种保护性反应，是释放体内积聚能量，排出体内毒素，调整肌体平衡的一种方式。美国生物学家福雷通过分析悲痛的眼泪与伤风感冒或风沙入眼所致的眼泪的化学成分的不同，他甚至认为，男性胃溃疡患者多于女性，可能是男性"男儿有泪不轻弹"的心理影响，强制自己不哭所致。所以哭泣并非完全是一件不好的事情，正确利用有利于身心健康。

训练方法

讲解法。

训练建议

1. 教师首先让学生讨论或自由发言，表达自己对哭的看法。

2. 教师进行有关哭在情感宣泄中的作用。

3. 让学生说说他（她）自己是否运用过哭的方式来缓解内心的紧张、压抑和不安。

4. 教师总结，在指出哭的积极的一面的同时，应向学生指出哭的不利一面，以免由于哭带来的不利影响。

参考教案

训练目的

使学生知道哭不是软弱，是直率，因此，当自己遇到特别不开心的事情时，不妨找个没人的地方哭一场。

训练重点

不开心时，千万不要压抑自己的心情。

训练难点

别怕人笑话，要哭就哭，要笑就笑。

训练用具

幻灯片、录音机、磁带。

训练方法

讲解、故事启发。

训练内容

谈话导入

在每个人的成长过程中，都有令自己难以忘怀的事，尤其是

当你受到很大的打击需要帮助的时候，此时得到的关爱会令你终生难忘。（板书课题）

1．听配乐故事《难忘的时刻》

2．提问：

（1）作者第一次为什么哭？

（2）作者第二次为什么哭？

3．小结：作者两次流泪，但意义却有所不同，一次是失去妈妈而流出了悲伤的泪，一次是老师同学的关心而流出了激动的？目。

深化认识

1．提问：

（1）你一般在什么情况下哭？

（2）哭过之后，感觉怎样？

（3）哭是软弱的表现吗？

（4）"男儿有泪不轻弹"这种说法对吗？为什么？

2．指名回答

总结

我们每个人都会遇到很不开心的事，这时会感到心里很压抑，此时，如果找个没人的地方大哭一场，你会感觉好受一些，如果压抑自己的感情，你会觉得更难受，而且对你的健康也没有好处，记住：哭不是软弱，它是直率的表现。在今后的学习、生活道路上，要哭就哭，要笑就笑，但不要忘了赶路。

在情感上帮助他人

人都是有情感的，同学们，你们说动物有没有情感呢？动物也有情感，只是动物的情感比起人来说那是太简单了，人的情感是非常复杂的，一个人出生后的头两年就有了丰富的情感。

所谓情感是指需要满足或不满足时产生的体验，这种体验表现在外部就是表情。如：高兴时手舞足蹈，悲伤时垂头丧气等等。

在谈论人的情感之前，先让我们看一看这个有趣的故事吧。

在美国洛杉矶的一个海水养殖场里，一头叫比姆波的大海豚仗着体壮力大，经常欺侮小海豚。为此，管理人员想了一个办法，打开水池底阀使海水降到一米深，小海豚在这样的浅水中仍能自由地游动，可体重两千磅的比姆波不行了。它那庞大的躯体有一半露在水面上搁浅了。这时它发出又高又尖的叫声，像在喊："救命啊，我不行啦！"曾被它欺侮过的小海豚听到后，不记前仇，游在它身边发出轻柔缓慢的声音，似乎在安慰它，又似乎在为它鼓劲。管理人员注意到了它们的神态动静，就再向池中灌水，比姆波又可以自由游动了。从此，比姆波与小海豚非常友好地相处在一起，而且对小海豚特别关心，好像在感谢小海豚。

读读想想

1. 比姆波为什么由欺侮小海豚到关心小海豚？

2. 小海豚可爱吗？为什么？

3. 在生活中你经常帮助别人吗？帮助别人的感受如何？

4. 在你遇到困难时，别人来帮助你，你的感受如何？

5. 你最需要的是物质上的帮助还是情感上的帮助？为什么？

做做试试

1. 期中考试结束了，一向成绩优秀的小英却考了个不及格。为此，她心里别提有多难受了，这几天她经常闷闷不乐，有时候还掉眼泪。假如你是小红的同学，你该怎样帮助她？

2. 当爸爸或妈妈心情不愉快时，请你想办法帮助他们。

我的目标

热心帮助别人，帮助别人摆脱烦恼，获得幸福和欢乐。

帮你出主意

每个人都有欢乐，也有痛苦，有幸福也有忧愁。同学们在一起生活、学习，要多多给予互相帮助，特别是情感上的帮助。当你的同学有烦恼和忧愁时，你不妨按下面的方法试一试。

1. 你与他（她）一起进行跑步或打球等体育活动。

2. 和他（她）一起去看一场有趣的电影。

3. 给他（她）讲一个小笑话。

4. 让他（她）向你倾诉心中的不快，做一个忠实的听众。

5. 给他（她）讲一个如何战胜忧愁和烦恼的故事。

训练指导

教育目的

教育学生学会帮助他人调控情绪，并识别他人情绪。

主题分析

在人与人的相互关系中，每个人都需要别人的支持和帮助，同时也有帮助别人的需要，帮助他人可以是物质上的，也可以是精神上的。在某些时候，精神、情感上的支持与帮助会起到巨大的作用。情感的力量是巨大的，在日常生活中，遇到烦恼和忧愁时，别人的一句关切话语，心理上便得到极大的宽慰，也许一两句话便可以驱散心头的不快，所以，在教育中，不仅让学生学会情绪的自我调控，而且也应让他们学会在情感上帮助别人。

训练方法

游戏活动。

训练建议

1. 教师让学生想想还有哪些方法可以帮助小英调节情绪。

2. 教师让每位学生作为"心理病人"把自己的不愉快情绪写在纸条上，随后，教师把这些纸条收在一起，然后，再随机地把这些纸条发给每一位学生，让学生作为"心理医生"提供"治疗方案"（纸条可以采用匿名方式）。

3. 教师挑选较好的"治疗方案"与同学们讨论。

训练目的

让同学们学会对身边的同学、家人进行情感方面的帮助。

训练重点

在身边的亲人、朋友有烦恼和忧愁时，"我"应给予他们情感上的帮助。

训练难点

应该如何帮助他人。

训练过程

导入新课

导语：所有的人都是有情感的，同学们，动物也是有情感的。我们来看一看录像。（录像讲两只海豚的故事）

1. 什么叫情感？

所谓情感就是指需要满足或不满足产生的体验，这种体验表现在外部就是表情。（举例说明）如：高兴时手舞足蹈，悲伤时就流泪等。

2. 我们已经看过录像，大家也已经了解这个故事的大概内容，现在要求全体同学看教材。

思考题：

（1）比姆波为什么从欺侮小海豚到关心小海豚？

因为在比姆波最需要帮助和安慰的时候，小海豚在情感上帮助和安慰了它。

（2）小海豚可爱吗？为什么？

小海豚可爱，它热心帮助别人，帮助别人来摆脱烦恼，帮助

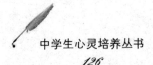

别人获得幸福和快乐。

（3）在生活中你经常帮助别人吗？你的感受如何？

（4）在你遇到困难时，别人帮助你，你的感受如何？

（5）你需要的是物质上的帮助还是情感上的帮助？为什么？

总结

每个人都有快乐，也有痛苦，有幸福也有忧愁。

同学们在一起生活、学习，就应该互相帮助，特别是情感上的帮助，当你的同学有烦恼和忧愁时，你不妨用几种方法来试一试帮助他。

1. 你和他（她）一起进行跑步或打球等体育活动。

2. 你和他（她）一起去看一场有趣的电影。

3. 你和他（她）讲一个笑话。

4. 让他（她）向你倾诉心中的不快，做一个忠实的听众。

5. 给他（她）讲一个如何战胜忧愁和烦恼的故事。

做做试试

1. 期中考试结束了，成绩优秀的小英却考了个不及格，为此，她心里别提有多难受了，这几天她经常闷闷不乐，有时还掉眼泪。假如你是小英的同学，你该怎样帮助他？

2. 当爸爸妈妈心情不愉快时，请你想办法帮助他们。

想象快乐，丢掉烦恼

菲菲和同学小云关系可好了，可是为一件小事吵了嘴，菲菲心里不高兴，闷了一肚子气，又是委屈又是后悔。放学回到家里，坐也坐不住，站也站不安，脑海里总是浮现与同桌小云吵嘴的情境。她极力地想控制自己不去想这件事，可不知怎么回事。越要不想，越是要想。拿起笔来，想写点什么，可又不知道该写什么，心里越想越难受。就在这时，她索性什么也不做了，闭上眼睛回想起那次和爸妈一起外出旅游的事来。想着当时看到的美丽的风景，越想越兴奋，她陷入了对往日的回忆中。

菲菲尽情地想着，想着想着，不知什么时候把与小云吵嘴的事抛在了九霄云外，她心情舒畅多了。

读读想想

1. 菲菲刚开始回到家里很不高兴，后来是通过什么方式使心

情愉快起来的？

2. 假如你是课文中的菲菲，你会怎么做？

3. 当你在学习和生活中遇到不愉快的事情时，你通常用什么方法改变你的情绪？

做做试试

1. 如果在教室里你与同学争吵起来，怒气冲天，不妨你走出教室到外面走一会儿，你的愤怒很快就会平静下来。

2. 当你心情苦闷时，不妨听听轻音乐。

3. 当你总是想那些不顺心的事情时，你可以想一想你得奖时的那种热烈场面或电影电视中有趣的镜头。

我的目标

转移法调节自己的情绪，做一个快乐的人。

老师的话

每个人在生活中都会有烦恼的时候，遇到烦恼怎么办？不妨采取愉快想象法来对待。

碰到了不愉快的事，心中老是想着它，消极情绪一时无法摆脱，它像讨厌的苍蝇一样刚刚赶走，随即又来，你想排除，但排除不了。试想，头脑空着没东西填补进去，当然一会儿它又钻进来。所以你要想法先装进去好的东西，把它挤出来。你可以想象一次最愉快的活动，旅游中看到的美景，和同学的一次畅谈、得奖时的情境，一个有趣的小故事或一个小笑话等等，想象得愈具体愈形象愈好。

这样的想象，不仅使你摆脱了不快，而且能丰富自己的想象力，一举两得，何乐而不为呢？愿你在生活中丢掉烦恼，拥有快乐，轻松愉快地学习和生活。

中学生情绪心理调控

训练指导

教育目的

让学生掌握情境想象法来调节情绪。

主题分析

情绪具有较强的情境性，每当想起或置身于曾经引起自身某种情感体验的情境时，就会"触景生情"，再次体验昔日的情感。据此，当我们每个人遇到悲伤、忧愁时，要努力去回想、去体验曾经愉快的时刻，以此来取代消极情感。反之，为避免被胜利冲昏了头脑，不妨在欣喜若狂之时，想想自己曾经失败时的情境，利用强化不相容情绪体验，来实现情绪调控的目的。

训练方法

自我训练。

训练建议

1. 教师向学生讲解如何运用情境想象法调节情绪。

2. 让学生在今后的生活中，学会运用这一方法对自己的情绪进行调控。

参考教案

训练目的

让同学学会转移法，调节自己的情绪。

训练重点

在遇到困难或不开心的事的时候，就多想想开心的事情。

训练难点

应该怎样用转移法。

训练过程

表演

找两名同学把这段故事和对白表演出来。

通过两个同学的表演，教师提出几个问题：

1. 菲菲刚开始回到家里很不高兴，后来，她想起那次和爸爸妈妈一起外出旅游的事，想着当时看到的美丽的风景，越想越兴奋，她陷入了对往日的回忆中，她心情舒畅了许多。

2. 假如你是课文中的菲菲，你会怎么做？

3. 当你在学习和生活中遇到不愉快的事情时，你通常用什么方法改变你的情绪？

总结

每个人在生活中都有烦恼，遇到烦恼时该怎么办？不妨采取愉快的想象法来对待。碰到不愉快的事，心中老是想着它，消极情绪无法摆脱，犹如讨厌的苍蝇一样刚刚赶走，随即又来，所以你要想办法先装进去好的东西。你可以想象一次最愉快的活动，旅游中看到的美景、和同学的一次畅谈、得奖时的情景、一个有趣的小故事或一个笑话等。

这样的想象，不仅使你摆脱不快，而且丰富自己的想象力，一举两得，何乐而不为呢？

做做试试

1. 如果在教室里你与同学争吵起来，不妨你走出教室到外面走一会儿，你的愤怒，很快就会平静下来。

2. 当你心情苦闷时，不妨听听音乐。

3. 当你总是想那些不顺心的事时，你可以想一想你得奖时的那种热烈场面或电影电视中有趣的镜头。

中学生情绪心理调控

合理运用 "精神胜利法"

放学了，小强慌慌张张地走向公共汽车。由于正是乘车高峰期，他好不容易才挤上车。车上人很多，人挨人，站在车上，他被挤得心发慌。汽车缓慢而吃力地行驶着，到了一个站点儿停下了。由于上下车，一名青年一不小心踩到了小强的脚上，顿时，痛得他"哎呀"一声。不知是这位青年没有意识到，还是别的什么原因，他连声"对不起"的话也没说。这时，小强可生气了，真想冲那位青年发火。可他转而一想，人多车挤，人家也不是存心的，也许他不知道，算了吧。况且，谁都会有错的时候，没有必要再责怪他。

就这样，一场争吵就避免了，小强也不再生气了。

读读想想

1. 小强是怎样避免了一场争吵的？

2．假如你是小强你会怎么办？

3．如果小强控制不住自己的怒气，结果会怎样？你希望看到那种结果吗？

4．想想自己曾经和别人争吵或闹矛盾时，大多是因为什么？如果彼此多一份原谅，结果会怎样？

做做试试

1．有一位老太太，她有一个儿子和一个女儿。儿子是卖扇子的，女儿是卖雨衣的。老太太整天心里不高兴，为什么呢？因为她总在想："要是晴天，我女儿的雨衣就不好卖了；要是雨天，我儿子的扇子可咋办吧？"就这样，她整天为儿子和女儿发愁，聪明的你能帮助老太太解开心里的疙瘩，让她高兴起来吗？

2．当你想发脾气或心里越想越烦时，不妨站在别人的立场上或从不同的方面去考虑一下，这样你心里就舒服多了，试试看。

我的目标

学会控制自己的情绪，用行之有效的方法调节情绪，做一个快乐的人。

老师的话

人作为社会的动物，在社会中生活，就不可能不与别人交往。正是有了人与人之间的相互往来，才使得每个人的生活顺利、幸福，才能使每个人得到心理的满足，在交往中，不要只想到自己的私利，生怕自己吃亏，甚至还想从交往中捞点好处。要知道，在一定程度上，你付出多少，也会得到多少。因此学会原谅、理解别人，在交往中非常重要。

教育目的

帮助学生合理运用心理防御机制，调节消极情绪，变消极情绪为积极情绪。

主题分析

在许多情况下，为自己的失意行为寻找一个合理的理由来减轻内疚和自责，是消除不良情绪的一种有效办法，有人也称这种方法为"阿Q精神胜利法"或"酸葡萄效应"。的确，在日常生活中，遇到不顺心的事情时，沿着一个方向越想越气，但是，如果这时候换个角度或者站在对方的立场上去考虑，进行反转思考，心情就好多了，这种"合理化"方式不失为一种有效的情绪调控方法。

训练方法

思考与训练；启迪反思。

训练建议

1. 教师给学生讲解"合理化"在情绪调控中的作用，但应注意让学生知道，为自己的挫折或失误找理由只是为了减轻消极情绪的影响，并不是为自己开脱责任。

2. 教育学生在遇到不顺心的事时，不妨采用这一方法进行调控情绪。

3. 师生共同讨论课后问题，通过问题回答，提高学生认识水平。

参考教案

训练目的

1. 让学生了解做任何事都要经过反复的思考，确定后再去

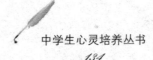

做。

2. 通过学习，让学生掌握在遇到不顺心的事时，不妨换一种方法来进行思考。

3. 教育学生在进行人际交往时要宽宏大量，不要斤斤计较，贪图私利。

训练重点

引导学生遇事不慌，反复思考。

训练难点

引导学生学会控制自己的情绪。

训练方法

讲授法；调查法。

训练过程

导入新课，揭示课题

讲述：人要想在社会上生存，离不开人与人之间的交往，人与人之间应该怎样交往呢？

新课训练

1. 分析课文，回答问题。

（1）阅读课文。

（2）思考问题。

①小强是怎样避免一场争吵的？

②假如你是小强，你会怎么办？

③如果小强控制不住自己的怒气，结果会怎样？你希望看到那种结果吗？

2. 提问。

想一想自己曾经和别人争吵闹矛盾时，大多数是因为什么？

如果彼此多一份原谅，结果怎样？

（1）分组讨论。

（2）汇报讨论结果。

（3）小结：人作为社会的动物，在社会中生活，就不可能不与别人交往。正是有了人与人之间的相互往来，才使得每个人得到心理的满足，在交往中，不要只想到自己的私利，生怕自己吃亏，甚至还想从交往中捞点好处。要知道，在一定程度上，你付出多少，也会得到多少。因此学会原谅，理解别人，在交往中非常重要。

3．提出问题，创设情境。

（1）同学们，现在老师这有一个问题不知怎么办？你们想知道什么事吗？

有一位老太太，她有一个儿子和一个女儿。儿子是卖扇子的，女儿是卖雨衣的。老太太整天心里不高兴，为什么呢？因为她总在想："要是晴天，我女儿的雨衣就不好卖了，要是雨天，我儿子的扇子就不好卖了，聪明的你能帮助老太太解开心里的疙瘩，让她高兴起来吗？"

（2）学生分组讨论。

（3）汇报结果。

学会控制自己的情绪

1．分角色表演。

（1）当你考试打一百分时。

（2）你没有做错事，却受到老师的批评时。

（3）当你和别人干某一件事，老师只表扬了他，而没有表扬你时。

2．小结：当你想发脾气或心里越想越烦时，不妨站在别人的立场上或从不同的方面去考虑一下，这样你心里就舒服多了。试试看，怎么样？

总结

1．总结全课。

2．讲述：同学们，请你认真领会并记住一位伟人说的话："愚蠢庸俗、斤斤计较、贪图私利的人，只能看到自以为吃亏的事情。比如，一个毫无教养的人常常只是因为一个过路人踩了他一脚，就把这个人看成世界上最可恶和最卑鄙的坏蛋。"

增强幽默感

生活中处处充满了幽默，即使在教书育人的校园里也是这样，请看下面二则幽默：

1. 心理学教授在课堂上对学生们说："我准备给大家讲什么是谎言。关于这个问题，我已经在我的学术著作《论谎言》一书中做了详尽的介绍。在你们当中，有谁读过这本书？读过的请举手。"班上的学生几乎都举起了手。"很好！"教授接着说，"对于'谎言'，大家都有了切身体会，因为我的这本书尚未出版。"

2. 一位临考老师正纳闷地盯着一位学生掷骰子，奇怪的是那学生为同一题掷好几次，便问那学生为什么。那学生回答说："难道不用验算吗？"

是的，许多人都知道，恰当的幽默不仅使生活充满了生机和朝气，而且也能驱散人们心头的烦恼和不快。

美国哈佛大学心理学佐治·维尔伦博士指出：幽默感是人类面临困境时减轻精神和心理压力的方法之一。生活中我们总避免不了因沮丧、挫折、失败与不幸而致的心理失衡，幽默感淡化甚至驱除不利情绪，化消极为积极情绪，是烦恼和痛苦的拮抗剂。

幽默可使生活充满情趣。谁都喜欢与谈话不俗、机智风趣者交往，而不喜欢跟郁郁寡欢、孤僻离群的人接近。幽默能缓解矛盾，使人们融洽和谐；幽默还使得批评教育的效果更好。人们喜欢幽默，不过，要想养成良好的幽默感并非轻而易举。有些人不管大事小事，不分正式和非正式场合，总是不苟言笑，对别人的幽默表达也不能心领神会，所以不免有些遗憾。要培养幽默感，就要注意以下几点：

1. 弄清幽默的真正含义。幽默是用影射手法，机智而又敏捷地指出别人的缺点和优点，在微笑中加以否定或肯定。幽默不是油腔滑调，也不同于嘲笑和讽刺，幽默是在玩笑的背后隐藏着对事物的严肃态度，它没有那种使人产生受嘲弄或被辛辣讽刺时的痛苦感。

2. 要使自己的知识面广一些。因为幽默须建立在丰富知识的基础上，才能做出恰当的比喻。另外，幽默首先是一种智慧的表现，要具有审时度势的能力，深广的知识面，这样才能够谈资丰富，妙言成趣。这要求我们广泛涉猎，用人类的文明成果丰富自己的头脑，从浩如烟海的书籍中收集幽默的浪花，从名人趣事的精华中撷取幽默的浪花，从名人趣事的精华中撷取幽默的宝石。

3. 陶冶自己高尚的情操。因为幽默常常是一种宽容精神的体现，要善于体谅他人。比如，在公共汽车上，一个人不慎踩了他人的一只脚，被踩的人非但没有责怪对方，而是幽默地说："是我的脚放的不是地方吧？"大家一笑了之，效果反而更好，那位先生以后也会提醒自己谨慎下脚。

4. 要有乐观精神。因为幽默感和乐观精神是亲密的朋友，很难想象一个成天愁眉苦脸、忧心忡忡的人会有出色的幽默感。中国有句名言："穷且益坚，不坠青云之志。"当一个人经济窘迫、生活潦倒时，这句话给人以精神力量。幽默也常常是这种精神的表达。俄国寓言大师克雷洛夫，有一次和房东订租契，房东在租契上写道："租金逾期不交，罚款10倍。"克雷洛夫大笔一挥，在后边添了一个"0"说，"反正一样交不起"。这体现了一种乐观自信的精神，绝不为一时困难而压得喘不过气来。

5. 幽默感需要有深刻的洞察力。迅速地捕捉事物的本质，重大的原则问题当然不能马虎，但生活中并非万事都值得认真。考虑问题、处理问题要有灵活性。幽默轻松，表达了人类征服忧愁的能力，布笑施欢，令人如沐春风，神清气爽，困顿全消，在人的精神世界里，幽默实在是一种丰富的养料。

学会情绪宣泄

　　谢峰是个女孩，虽然起了个男孩名，可这个名字也许没起错，她做起事来风风火火，像个假小子，同寝室的姐妹们亲切地称她为"疯（峰）丫头"。谢峰也到了情窦初开的年纪，她心目中的白马王子就是同一班级的郭涛。郭涛高高的个子，白净的皮肤，一副乖乖的模样。他同谢峰也很合得来，活动时也常在一起。一次，在郊游时谈起同学的性格来时，郭涛对谢峰说："你什么都好，就是缺点淑女风度，要能是个安安静静的小姑娘就更好了。"

　　说者无心，听者有意，谢峰决心改掉自己的"假小子"作风，做个标准的淑女。从此，她安静了，不管周围发生了什么事，她都平静如水似的，同学们有时讲了很有意思的笑话，她也尽量克制住自己，不笑出声来，说话也慢条斯理起来，同学都说她变了一个人似的。她听了蛮高兴，但同时也觉得心里憋得慌，尤其上次，老师由于误会而当众批评了她，她感觉委屈极了，可她硬是忍下了而没发作。就这样坚持了一个月，她觉得实在受不了，来到了心理咨询室。

"这些天来都快把我憋疯了，做一个淑女真的就那么难吗？"她问。

"淑女也有喜怒哀乐，也得恰当地表达自己的情感，有些情绪是不宜在心里憋许久的。"心理老师回答她说。

分析

抛开什么才是真正的"淑女"不谈，从心理的角度来说。

心理学家和临床医生曾告诉我们一个十分有趣的现象：许多点火就着、炮筒子脾气的人，心身性疾病的患病率并不高，相反，那些外表看来很文静，成天一声不响，但内心总是不平静、好生闲气、闷气和钻牛角尖者，患心身疾病的却很多。这是为什么呢？

近年来，西方兴起一门心理学的新理论——感情应力学。它的基本理论是：外界各种不良刺激作用到人体之后，会日积月累，形成潜在的"能量"——感情势能。人体对这种感情势能的承受能力是有限度的，一旦超过限度，感情势能就会从体内释放出来，使人体循环、消化、血液和神经系统的功能发生紊乱，进而导致发生多种疾病，如冠心病、高血压、消化道溃疡、支气管哮喘、神经症等。

解决这个问题，关键在于防止感情势能的形成和积累，特别是后者，应想方设法不让感情势能在体内积累，也就是不让情绪存积起来。最有效地防止负情绪"零存整取"的办法，就是善于及时地把不良情绪排解出去。这种排解不良情绪的方法中，应首推"宣泄"。

宣泄不是什么新问题，其实每个人都在自觉或不自觉地运用它。比如，心里有气，找个知心朋友聊聊；是亲人亡故，悲痛万分，痛痛快快地大哭一场，心情就会轻松多了。其实，这些都是宣泄。可惜的是许多人还不善于自觉地应用这种行之有效的心理保健法。他们遇到挫折，遭受不幸，或遭到意外打击，往往把痛苦埋在心底，不愿对别人说，这实际上是自我折磨。前面提到的经常生闲气、生闷气和好钻牛角尖的人所以易患心身性疾病，原因就在于感情势能的不断积累，进而超过人体所能承受的限度，造成对机体的损害。相反，火暴脾气的人，在发脾气当时对健康确实有害，但毕竟时间短暂，火发出去了，也就风平浪静了。当然这并不是可取的宣泄方式，因为发脾气时会使对方造成精神痛苦，乃至损害对方的健康，实不可取。

了解上述道理之后，人们就应该学会并及时宣泄自己的不良情绪，使心理恢复平衡。自己的亲人、朋友、同事、老师、同学等，都是可以宣泄的对象，可以区分不同的人进行宣泄。从这一点出发，每个人都应该结一些知心朋友，都应该养成经常和亲人谈心的好习惯，他们都是你的宣泄对象，往往在自己宣泄完了时，还会从他们那里得到开导和安慰。应该着重指出的是，每个人既是自己不良情绪的宣泄者，同时又是他人的不良情绪的宣泄对象。因此，在注意及时向外宣泄自己不良情绪的同时，还要将心比心，也主动地当好自己亲人、朋友、同事的宣泄对象。这要求人们不仅要有耐心和同情心，愿倾听别人的诉说，同时要掌握一定分寸，给予适当的疏导和劝解，还要细心，善于及时洞察他人心灵深处的痛苦，特别是对于那些不愿意或不习惯向外宣泄的人，要做过细的思想工作，引导他们将内心的痛苦宣泄出来。

但在生活中，并不是人人都懂得这方面的道理的，有些人在这方面做得很差，有些人遇到稍不遂心的小事就想对身边的亲人唠叨，有时还没完没了，他们的亲人不仅不接受和帮助他们宣泄，反而表示反感，斥责道：别唠叨了！真烦人！这种做法极大地伤害了他们的自尊心，造成心理创伤，甚至损害其身体健康，是极不可取的。

有时一时找不到合适的宣泄对象，也可以采取其他的宣泄方法。如自己心情不快时，弹奏几支感情激越的曲子，或自唱几首歌，或到林间、溪旁、田野中去，向大自然高声呼喊，或做一件自己喜欢做的工作，这其实也是一种宣泄。将压在心头的不良情绪通过琴键、音符、旋律、树木花丛、流水、青山、白云宣泄出来，无疑这种做法也有助于你的身心健康。

识别他人情绪

　　此时无声胜有声。"无须说话，我从你的眼神中看到了你的心。"这不是狂语，许多恋爱中的人对这句话有深刻的体会。

　　在恋爱时节，如果男女双方都因为初次谈恋爱而感到害臊，那么，两人起初很可能会长时间地避开对方的眼睛而看着不同的方向。谈话进行一段时间之后，两人又很可能会偷偷地或短促地看着对方，而将大部分时间花在看地板或周围的任何一件物体上。从心理学角度讲，这种盯视地板的行为实际上表现了人们紧张和害羞的心理状态。如果双方一直保持这种状态，那么，他们的交谈决不会深入，弄不好还会由此而中断。然而，在这个时候，如果其中任何一方大胆地排除害羞心理，而用亲昵的目光看着对方，那么，对方的害羞心理也会逐渐减少。随着进一步的接触，两人用目光相互打量的次数也会逐渐增多，最后，两人的目光就会长时间地紧紧地相接在一起，彼此含情脉脉地注视着对方，他们的爱情也更进了一步。

在这个过程中，如果一方未能从另一方的目光中看出那份隐藏的情感，那么肯定会阻碍双方情感的进一步交流，甚至他们的恋情会由此而终止。

分 析

情绪智商的研究表明，那些更擅长通过非语言线索破译情绪的人，往往更善于调节情绪，人缘更好，开朗而敏感。从另一方面说，不能识别他人的情绪是情绪智商的重大缺陷，也是人性的悲哀。因为人类融洽的关系是人际相互关怀、热爱的基础，这种和谐的人际关系源于情绪的调适能力，源于对他人情绪的识别、理解能力。

可是，现实生活中，许多学生却未能真正识别出别人的情绪，往往由此会错了意，表错了情，影响了人际交往。其实，眼睛是透露人的内心世界的最有效途径。人的一切情绪、态度和感情的变化，都可以从眼睛里显示出来。你只要知道其中的规律并加以细心观察就可以了。人的情绪变化首先会反映在不自觉的瞳孔改变上。当人的情绪从中性变得兴奋、愉快时瞳孔会不自觉地变大。一个男子看到迷人的女郎，一个女性看到一位潇洒男子，打扑克的人看到一副难得的好牌……这些都会使人的眼睛炯炯发光。反之，当人们的情绪从愉快转向不愉快，或突然出现令人不快的人或事时，瞳孔会不由自主地缩小，并伴随程度不同的眨眼和皱眉。可见，人的眼睛是其内心情感状态的良好指示器。

眼睛不仅是心灵的窗户，更重要的是，"眼睛会说话"。下面我们就以人们交往时面对面的接触为例，看看眼睛究竟"说"了什么话：

1. 公务性注视。这是人们在洽谈业务、磋商交易和贸易谈判时使用的一种凝视行为。

让我们设想人的前额处有一个三角形。如果一双眼睛盯在这一区域内，那么就制造了一种严肃的气氛，而对方也能感觉出这种眼神是认真的。只要你的视线不拉到对方眼睛之下，你就能继续控制这次交谈。

2. 社交性注视。这是人们在社交场合，如茶话会、舞会等各种聚会中所使用的注视。这种注视也是用眼睛看着对话者的三角部位。这个三角是以两眼为上线，嘴为下顶角，也就是在双眼和嘴之间。当你看着对话者脸上的这个部位时，就会造成一种社交气氛，就好似对谈话者说："嗨，我们是朋友！"

3. 斜眸一瞥。这是一种用来表示兴趣、喜欢、轻视或敌意态度的注视行为。如果这种行为伴随着微笑和略微翘起的眉头，就是在告诉别人："我对你感兴趣！"如果伴随的是眉毛下垂、嘴角下撇，这种注视就成了一种表示猜疑、轻视、敌意或批评性的人体信号。

在人际交往中，我们不仅要"听懂"眼睛所"说"的话，而且也要学会用眼睛来"说话"。通过上面的叙述，你就会明白，在与别人的接触中，你的目光该落在对方身体的哪个部位，会对你们面对面交谈的结果有很大影响。想一想，假如你是个经理，正准备训斥一个懒散的雇员，你该用哪种注视？如果你使用的是社交性注视，那么雇员会不太在意你说些什么，因为这种注视会削弱你话语的分量。而亲密性注视则让雇员感到你在胁迫他或让他感到不好意思。合适的眼神是公务性注视，因为它对听者有强有力的触动，让他明白你是严肃认真的。

微笑的力量

案例

有的时候，你可能没有意识到你真诚的微笑给别人留下多么美好而深刻的印象，你一个不经意的微笑竟是那样富于感染的力量。高情商者动人的微笑曾使大文人胡适感慨不已，写下了一首名为《一笑》的诗：

十几年前，

一个人对我笑了一笑。

我当时不懂得什么，

只觉得他笑得很好。

那个人后来不知怎样了，

只是他那一笑常在。

我不但忘不了它，

还觉得它越久越可爱。

我借它做了许多情诗，

我替他提出种种境地。

有的人读了伤心，

有的人读了欢喜。

欢喜也罢，伤心也罢。

其实只是那一笑，

我也许不会再见着那笑的人，

但我很感谢他笑得真好。

分析

　　许多学生朋友以为漂亮方是社交中的通行证，以为只有容貌出众才能成为交际场中的"明星"。其实不然，许多社交中的成功人士，他们并没有出众的外表，但他们懂得人际交往的艺术，善于影响调控他人的情绪，是一个高情商的人，所以他们成功了。

　　对别人发出富于表现力和情绪感染力的微笑，是高情商者最常用的交往艺术之一。他们真诚的微笑告诉他人：我喜欢你，见到你我很高兴。正是这种微笑，使他的相貌更加动人，使他的声音更有魅力，使他的情绪更具有感染力。这种微笑从别人那里换回了更多的微笑，而别人的微笑又会使他的心情变得更舒畅。当然，我们所说的微笑是指真正的微笑，是发自内心的、真诚的微笑，只有这种微笑方能给人以温暖的感觉。

　　做一个高情商的人，仅有微笑是不够的，他还必须掌握和发展另外的一些社交艺术与能力：

　　1.学会移情。移情，即"感人之所感"，并同时能"知人之所感"。指既能分享他人情感，对他人的处境感同身受，又能客观理解、分析他人情感的能力。移情是在情绪的自我觉知基础上发展起来的。面对自我的情感，我们越是坦诚，研读他人的情绪感受也就越加准确。学会移情，通俗地说就是在人际交往的过程中学会理解他人，能设身处地地为他人想一想，将心比心地考虑一下别人的感受。

移情对某些人而言似乎是困难的，他们就好像是中世纪的城堡，以高耸的城墙安全地保护自己免受伤害，他们禁止任何感情的交流，这样只能使他们龟缩在自己的情感小世界里，他很难出来，别人也很难进去。打破这高耸的拒绝与排斥城墙的办法就是行动起来，学会同情与关心。现在就写信或打电话给你斯喜爱的人，痛痛快快地与他长聊，说出你心中的感受，问问他心中的情绪，也许这需要撕掉一些所谓的骄傲与自尊，但事实上并不如想象中的那样困难，需要的只是时间上的积累和你热情与努力的倾注。

2. 增加感染力。在每一次与人交往过程中，我们都在不断地传递着情感信息，影响着周围的人，同时在不断接受他人的情感信息。在多数的情况下，这种交流与感染比较间接与隐秘，不为大多数人所察觉，但这种感染作用确实存在。在情绪互动的过程中，往往有个主导者，他犹如舞场中的舞曲，带领着众人随着它的节奏而旋转。政治家、演员都善于带动众人的情绪，而一位领导者是否成功、胜利的一个重要标志，也是他是否能鼓舞员工的士气，使他们居于一种比较积极的、兴奋的情绪状态中，从而产生更好的工作成效。

情绪感染力的增强最重要的是人际交往中采用以下的措施：

其一是鼓励与支持。在人需要鼓励与支持的时候，往往是处于情绪低落时期，这种情绪会进一步使他产生无所作为之感。若此时有一句鼓励的话，便会使人重新估价自己的能力与信心，情绪状态也会回升。这正是一位哲人所说，"如果你要改变一个人而又不冒犯或引起反感，那么鼓励将是一剂良方。它使你要对方做的事，好像很容易做到。"

其二是热情。把热情倾注在你的工作或学习中，会使一切面貌一新，许多研究与事实表明热情是影响人生成就的一大原因。同时，热情也是影响人际关系的重要因素。研究表明，热情的人在与人交往中往往更为积极主动，更勇于承担责任，更易于给予他人以关怀和帮助，因而也更受人欢迎。

其三是自信。一个充满自信的人，他的面目表情、言谈举止都饱含着一种积极的情绪内涵，使他的举手投足之间洋溢着吸引人的魅力，与这类人相处你会感觉到这世上本没有什么难题，全身上下有一股活泼向上的力量。同时，充满自信的人，情绪表现也相当稳定，使人在逆境中，仍保持高昂的状态，在顺境中更一往无前。

控制冲动

案例

　　"我还是一个高中生的时候，一次在长城八达岭旅游时认识了一位男子。他在长城饭店工作。两个星期后的星期六晚上，他约我去看电影。散场后在回家的路上，他吻了我，我也接受了。因为我感到孤独，世界上没有人喜欢我。我看到同班女生经常陪男生去玩，看电影，逛公园什么的，我心里不舒坦，真想让他天天对我都这样……"

　　"高三了，离高考只剩43天了。43天，对于我们来说是多么触目惊心的数字。然而在这非常紧张的时候，我却爱上了一个女孩，陷入了感情的漩涡，一下子陷得那么深，不能自拔。我压抑自己，尽量装出若无其事的样子，然而，我的心里却奔涌着巨大的波澜，我真怕一不小心就会崩溃……"

青春期的感情，犹如旷野中的一棵小树，它静静地萌芽、生长，没有人知道当暖暖的阳光静谧地滋润着它的心田时，它所沐浴着的幸福和甜蜜，它内心所承受的孤寂和痛苦。爱的来临是无法回避的，它给学生提出了一个极为现实的问题：如何对待自己爱与被爱的渴望与冲动？

在回答这个问题之前，我想先讲一个情商的研究者做的一个有趣的实验：研究者请来一批小孩，把他们一个个带进房间，告诉他们："这里有棉花糖，你们可马上吃，但如果你们等我出去办完事，回来才吃，你们便可以得到双份棉花糖。"他说完走了。有些孩子看他一走，便急不可待，拿起棉花糖，往口里塞；另一些孩子等了几分钟，便不再等，也把棉花糖吃了；剩下的孩子，一直等到研究者回来，终于吃到了双份棉花糖。实验到这里并没有结束，研究者对这些孩子的跟踪研究一直持续到他们高中毕业，结果发现：那些有耐心等的孩子，长大后，比较能适应环境，比较可靠；而那些要满足眼前欲望的孩子，他们没有办法克制自己，长大后，各方面的成就，都比能克制自己欲望的孩子低。

糖果试验与学生的恋情冲动有什么联系呢？有的。棉花糖对于年幼的孩子和萌动的恋情对于学生来讲，都是一种精神考验，是一种冲动与克制、自我与本我、欲望与自我控制、即刻满足与延迟满足之间永无休止的战斗的缩影。你如何选择，不仅表明你的性格特征，而且很大程度上预示了你未来所走的人生道路。

抵制冲动大概是最基本的心理技能了。所有情绪控制都以此为基础，因为任何情绪，就其性质来讲，都会产生做某事或另一

事的冲动。对花季里的少男少女而言，由性的心理萌动所带来的对异性的感情是尤其令他们苦恼的了。上海人民广播电台在一次暑假举行的"中小学生热线电话"中，接到579人次电话，其中倾诉情感困扰的达341人次；而某电视台少儿部一次暑期收到的5784封信中，反映心里苦闷、被早恋的情绪所困扰的中学生信件达3652封……爱的冲动与被爱的渴望与学生而言是一种客观存在，这种情绪能被压抑或被否定，但却不会被消灭，我们不必为压抑这种情感耗尽心力。如果我们能站在高处，换个角度来审视这种情感，把它作为一种考验，它或许能变为一种积极的力量，使他们在爱的体验中成长。

人生不止一次糖果的诱惑。在青年时代，忍耐与冲动的控制是一种需要磨炼的心理品质。在人生的每个时期，都会有一个总的目标，有一些更重要的事情去做，如果什么事情妨碍了这个更重要的事情，有时候不得不将它放置一边。对异性的感情可藏在心里，也可以进行约束和规范，只要把这些都当作是自我成长、自我磨炼的一部分，一个人就能在更广阔的意义上去理解爱。也就是说，爱不仅包含了冲动和渴望，同样也包含着克制和忍耐；不仅包含了快乐和激动，也包含着苦涩和痛苦，这都是青年人必须要学习的。诗人里尔克说得好："一切正在开始的青年还不能爱，他们必须学习。他们必须用他们整个的生命，用一切的力量，集聚他的寂寞、痛苦和向上激动的心去学习爱。"

"认准目标，自我延缓满足"。这也许就是情感自我调节的精髓所在。要实现目标，就应具备抵制冲动的能力，无论是为了追求更完美的爱情，还是为了解决一道几何题，或是成为运动明星，莫不如此。一切为爱的冲动而苦恼的青年人，不仅仅把它看作是与功课、升学考试的冲突，难道它不是对自我的挑战吗？今天，放远目光，我们咽咽口水，没有吃掉这块糖；那么，明天我们能拥有的绝不仅仅是两块糖！